你不需要 洪荒之力
你只需要竭尽全力

- YOU DON'T NEED

- THE POWER

- ALL YOU HAVE

- TO DO IS

- TRY YOUR BEST

步小咖等

著

民主与建设出版社
·北京·

© 民主与建设出版社，2024

图书在版编目(CIP) 数据

你不需要洪荒之力，你只需要竭尽全力 / 步小咖等著.
-- 北京：民主与建设出版社，2017.2（2024.6重印）

ISBN 978-7-5139-1407-9

Ⅰ.①你… Ⅱ.①步… Ⅲ.①成功心理－通俗读物
Ⅳ.①B848.4-49

中国版本图书馆CIP数据核字（2017）第031743号

你不需要洪荒之力，你只需要竭尽全力

NI BU XU YAO HONG HUANG ZHI LI, NI ZHI XU YAO JIE JIN QUAN LI

著　　者	步小咖等	
责任编辑	刘树民	
出版发行	民主与建设出版社有限责任公司	
电　　话	（010）59417747　59419778	
社　　址	北京市海淀区西三环中路10号望海楼E座7层	
邮　　编	100142	
印　　刷	三河市同力彩印有限公司	
版　　次	2017年10月第1版	
印　　次	2024年6月第2次印刷	
开　　本	880mm×1230mm　1/32	
印　　张	6	
字　　数	170千字	
书　　号	ISBN 978-7-5139-1407-9	
定　　价	48.00 元	

注：如有印、装质量问题，请与出版社联系。

CONTENTS 目录

PART 02 情感篇

我若离去，后会无期

PART 03 励志篇

你若不勇敢，没人能替你坚强

Part 01 心灵篇
你不需要洪荒之力，你只需要竭尽全力

要让人觉得毫不费力，
只能背后极其努力。
也只有如此，
你才对得起所谓的青春和成长。

你不需要洪荒之力，你只需要竭尽全力

人生匆匆几十年，虽不是白驹过隙，但时光却如掌中的沙一样，在你紧握双手时快速地流逝，没有人能够挽留，更无法挽回。在有限的时光里，何不竭尽全力地奋斗一把？不用使出你的洪荒之力，只需坚持你每天的努力就行。而所谓的努力不是说明天再开始，也不是找借口给自己开脱，既然选择了努力，何不从现在开始？再不奋斗一把，就晚了。

[1]

"又是一场对面3BUFF，我怒送一血的开局。"芒果无奈地点了一支烟，扭头对正写文章的我说道。

现在是22:10分，也是芒果今天玩英雄联盟的第五个小时了。

"也许是我天生不适合这个游戏吧。"他叹了口气，关掉了英雄联盟，打开了枪战游戏CF。这时，他的手机忽然响起来，原来是定的复习闹钟。马上就要六级考试了，为了恶补听力，他决定每天都听VOA来提高自己。

关了游戏听了5分钟后，发现根本听不懂，非常自然的打开朋友圈，突然间看到了一篇名为《所有坚持都是因为热爱》的文章，他激动得说被点燃了，在朋友圈迅速分享，并配文："热爱你的热爱。"很快，他就收获了很多赞，虚荣心得到了巨大的满足。再一一对好友评论的回复下，压抑的情感也得到了巨大的宣泄。

于是他心想，都这么晚了，复习效率也不高，不如明天早上起来再学。又随手打开了新浪微博，不知不觉看热搜看到了00:23。一看时间很担心地说再不睡不行了，熬夜对身体不好啊。闭了眼睛20分钟，却又发现自己睡意全无，于是翻来覆去又打开手机看到了 01:45 才真正地睡去。

早上醒来已经是十点半，芒果一边在叹气没有按计划进行，黑眼圈好像又重了，一边又在追的综艺好像新的一期已经播了。

"还是快乐最重要！"他心想。于是在一阵欢声笑语中度过了慵懒的早晨时光。这样的生活一直持续到了考英语六级的前一个晚上。他开始着急了，也没有怎么复习，但是也觉得现在复习也没有什么用，所以早早地上床，暗暗地祈祷自己明天能够听懂所有英文对话。

到了考场，发现自己的耳机没电了，匆匆的下楼去小卖部买个电池，大汗淋漓地回到考场，结果也可想而知。

[2]

在一阵苦恼之后，难过的他发了一条"只求425。"的朋友圈。然后发现大家在转一个名为《7天看美剧，突破英语听力》的微信群讲座。

"看来我的英语听力有着落了。"他又发了一条朋友圈这样写道，随即又开始激烈的电竞战斗时光两天后，微信群如期开班，老师要求大家重温经典美剧《Prison Break》，第一次看美剧的他瞬间着迷，完全被剧情所吸引。至于老师要求一集至少要看够3遍，并且每次做标记的事情，全部抛之脑后。

7天的时光很快就过去了，他好像除了对剧情能够倒背如流之外，并没有什么其他的长进。

不知不觉间，芒果变成了大家最讨厌的那种人，有野心但特别懒，特想要别人重视但不愿努力，最后事情没办好把原因归纳于天赋不好。在他眼里，他永远做得很好，只是世界委屈了他而已。

[3]

直到有一天芒果认识了番茄，他才隐隐约约地看到了他自己。

那是一次跨专业的联谊会上，每个人都要有趣地介绍一下自己，芒果作为主持人逐个邀请大家登台。在气氛逐渐升温的时候，轮到番茄姑娘登场了。结果番茄姑娘面如死灰，无论芒果怎么邀请都不上台，最后连理都不理，顿时间全场安静下来。

芒果尴尬的在台上打着圆场："这可能是一位有性格的女同学，我很喜欢，那我们继续介绍下一位吧。"

很快到了晚上，大家来到一家自助餐厅享用晚餐有人提议玩游戏——谁是卧底，输了的人来为大家接饮料送烤串。前三局芒果都输了，做了三次服务员，第四次芒果稳扎稳打，步步为营，并最终在与番茄姑娘的博弈中取得了胜利。

输了的番茄姑娘先是站了起来，想了想又坐下了，开始默默地看手机，像没事人儿一样。芒果这下火了，指着番茄姑娘就说："参加联谊，让介绍不介绍这事儿也就算了，玩个游戏还板着个脸，不想参加别来好吗！"

说完番茄姑娘的嘴角起了变化，然后大哭了起来，气氛再次降到冰点。芒果这时也慌了，问起缘故，番茄姑娘流着泪说："我天生就不是开朗的女孩子，我也想和大家打成一片，可但我什么话都说不好……"

"既然你想改变，你就应该尝试着去上台介绍自己，试着放下一些面子去给同学接个饮料啊，又不是只有你一个人这么做！"

"不行的，我做不到，我天生就是这样的人，从下到大都没做过这些事情。"

看到一个小姑娘哭的稀得哗啦的，芒果也没再说什么，但是他清楚地知道这件事情如果她想改变，用不着天赋，只需要一点勇气。其实，芒果也只需要一点坚持就好。

[4]

讲真，大部分人的努力程度之低，根本轮不上拼天赋。

我也曾把我的不成功归功于我没有天赋上自我安慰，但是后来才发现这个世上，有天赋的人很少，而成功的人却那么多。

以前曾经看过张艺兴写过的自传《24而立》，里面说他自己被别人称赞跳舞很有天赋，但他说其实大家看到的只是那个在舞台上星光熠熠的自己。他在刚进入SM公司的时候，总是跟不上大家练舞的步伐，为了能够提高，他说如果上课老师的要求是练习6个小时，那么他会练到12个小时，到现在他会逼自己要再练6个小时。同时为了找到跳舞的轻盈感，会偷偷地把两三公斤的沙袋和杠铃绑在身上，边唱边练，哪怕用自残自己的方式，也希望能够做一个竭尽全力的练习生。

有很多成就都是努力的成果，那些夸别人很有天赋的人，往往对别人没有太多了解，他们并没有看到别人漫长时间的努力，和与放弃绝望抗争的过程。只是因为这个明星突然间出现他们面前，很优秀地站在舞台上，所以让他们觉得他是天资聪颖，瞬间就学会了一切，以至于他们开始夸他天生舞台感爆棚，简直天之骄子。

冷暖自知这个词用在这里可能再贴切不过了吧。

没有天赋从来不会斩断一个人成功的可能，逃避和放弃才会，我特别讨厌那些自以为经历过世界所有磨难的成年人跟我讲：可能你还不懂他们更相信关系，否认努力的意义，他们打着电话敷衍地打断你三分钟的展示，然后特别武断地告诉你，小伙子你没天赋放弃吧，没什么用。

他们一边在酒桌上喝着酒说着荤段子，一边像圣人般地告诉你人生的真谛，你要问我他真的很厉害吗？我只能告诉你，他在自己的家里是个不可一世的王，在外面他谄媚地叫着别人大哥和老弟儿。

有些人三十岁就死了，直到九十岁才埋葬。我希望屏幕前的你永远不要变成这种人，你可以不会马上领悟五线谱，也可以不能迅速地短时间记忆大量单词，甚至连上台说话都总会结巴，这些都没关系。

没天赋从来都不是问题，不努力才真的要命。我最害怕的就是当你老的时候，会特感慨地对着自己说："我用我最美丽的青春年华做了一个只会玩手机的傻逼。"

骄傲的少年，梦想情怀这些词你也都明白，我也就不多再唠叨了，只希望日后再见到你时，虽然你外表已苍老，但你仍然提着剑，内心仍然是少年。

你的脸上云淡风轻，谁也不知道你的牙咬得有多紧。你走路带着风，谁也不知道你膝盖上仍有曾摔伤的淤青。你笑得没心没肺，没人知道你哭起来只能无声落泪。要让人觉得毫不费力，只能背后极其努力。也只有如此，你才对得起所谓的青春和成长。

活出人生新高度

人生，或许总有遗憾；生活，不总是一帆风顺。因为懂得，所以洒脱；因为从容，所以快乐；没有永远的晴天，也没有永远的雨季，晴天时晒晒太阳，雨天时听听雨声。也许，有风有雨的日子，才承载了生命的厚重；风轻云淡的日子，更适于静静的领悟！

[地与天]

小时候，望着遥远的地平线，不由好奇地问："爸，那里的地，怎么与天相连呢？"

"孩子，地一远，远到天边，就有了天空的高度。"父亲说。

原来，低矮的大地，是可以通过不断地向远方延伸，延伸到遥远的地平线，去与天相连，与天等高。

那时，我一直神往，沿着大地，不断地向前、向前，行走至遥远的地平线，去与天相连，去拥有天空的高度。

[柴与炭]

曾在家乡见过用土法烧制木炭。把木柴放进窑里，用火烧，待烧到五六成，把窑封死，让木柴"闷"在窑里，经受火的煎熬。十余日后，打开窑，就能得到烧制好的木炭。

木炭，是烧过的木柴，但木炭燃烧的热度和燃烧的耐久性，都优于木柴，好于木柴。

是火的煎熬，成就了木炭；是那煎熬的痛苦，让木炭好于木柴。

当你正在经受人生之"火"的煎熬，承受人生煎熬的痛苦时，请记住：炭，是烧过的柴。

[最远与最近]

最近，英国心理学家莫里斯通过研究发现一种奇特的生理现象：人体中越是远离大脑的部位，其传递的信息，可信度越高。

人体中，脚是离大脑最远的部位，脚的一举一动，往往最能反映一个人的真性情、真想法。这就是为什么人越是在尴尬难堪的时候，越是手足无措。

离得越远的东西，反倒离事物的本真越近。就如一个人离家乡越远的时候，离亲情最近。

[果实与果核]

很多甘甜的果实，其果核却是苦的。

一颗苦涩的核，为什么能拥有甜美的果肉呢？

直到我读到一位诗人的诗句，才有所启悟。诗人说：每一颗珍珠，都有一粒痛苦的内核。

对珍珠来说，那粒痛苦的内核，就是给它灾难、给它不幸、给它泪水的沙子。但你再看看珍珠的表面，像不像一张灿烂的笑脸？

哦，我明白了，当你用欢笑包容泪水，用快乐包容痛苦，用喜悦包容忧伤，你就能成为一颗光彩夺目的珍珠，成为一枚甘甜美丽的果实。

[一天与一生]

一只羊身上，有多少个细胞呢？亿万个！无数个！

从一只羊身上取走一个细胞，通过克隆技术，这一个细胞就能培育出一只完全相同的羊。克隆技术告诉我们，一只羊可以缩小到一个细胞，一个细胞可以放大到一只羊，从某种程度上来说，一个细胞可以代表一只羊，可以等于一只羊。

一个人的一生，有多少天呢？有一只羊身上的细胞那么多吗？远远没有，仅三万天左右而已。

按照克隆原理，一个人的一生可以缩小到一天，一天可以放大到一生。一个人怎样度过一天，就会怎样度过一生。所以，看一个人的一天，就能看到一个人的一生。

［好人与坏人］

记得小时候看电影，总是不停地问父母，电影中的这个人物是好人还是坏人，那个人物是坏人还是好人，非要分辨个清清楚楚、明明白白。

长大后，方才知道，看一个人，不能非黑即白，因为人不只有好人和坏人，况且，一个坏人，也有"好"的成分、"好"的时候，同样，一个好人，也有"坏"的成分、"坏"的时候。

长大后，方才懂得，对人，不是爱憎分明，而是包容包涵。

［大花与小花］

小李刚参加工作时，上司安排他做的都是一些小事。小李觉得挺委屈。

上司看破了小李的心事，便找他谈心："花中，有大花，也有小花，那些美丽的花，都是大花吗？"

"只要有心开花，无论大花还是小花，都是美的。"小李说。

"人们赞美花，赞美的，都是那些大花吗？"

"只要花美，无论大花还是小花，都会得到人们的赞美。"

"一个人如果用心做小事，为什么不能把小事做漂亮呢？把小事做漂亮了，为什么不能得到人们的赞美呢？"上司说。

山有山的高度，水有水的深度，没必要攀比；风有风的自由，云有云的温柔，没必要模仿。你认为快乐的，就去寻找；你认为值得的，就去守候；你认为幸福的，就去珍惜。没有不被评说的事，没有不被猜测的人。别太在乎别人的看法，做最真实最朴实的自己才能无憾今生。

岁月静好，美丽常在

偶尔我只想一个人静静的就好，不受任何打扰。不是冷漠，只想放空自己，感受生命美好。其实活着还真是件美好的事，不在于风景多美多壮观，而是在于遇见了谁，被温暖了一下，然后希望有一天自己也成为一个小太阳，去温暖别人。

盛夏，全家去吉林省大山深处，迷了几次路才找到一个小村庄。那是八十多岁的老公公阔别多年的故乡。村外公路狭窄，一家又一家石头加工场白烟升腾、机器轰鸣。村里房屋低矮，住户稀疏，才下过雨，蜿蜒的土路泥泞。村中只有一户远房亲戚，亲戚家两个男人，老父亲几年前出了车祸，行动依靠拐杖；壮年的儿子新近被石头砸伤脚，走路一瘸一拐。

落脚村中，回想高速上驱车进入东北境内，一路天蓝云白，植被茂密的群山绵延起伏，线条优美的绿意润泽无边，强烈的反差冲淡了心中的亢奋。

东北归来，却常常记起那个小村，因为一张模样模糊的笑脸，一道鲜花盛开的篱笆。笑脸是亲戚邻居的，瞬间一瞥，匆匆交谈，加上初见的腼腆，没细辨他的眉眼。他家院落并不宽敞，院子东西是别家的石墙。院子北面，繁花似锦的各色六月菊，密密麻麻交织成两道五彩缤纷的花篱笆；两道花篱间，藤条弯成的月亮门，缠绕着凌霄的绿叶红喇叭；月亮门向外的路两边，妖娆着数不清的粉紫大丽花。繁枝茂叶的绿背景，烘托出成千上万朵绚丽的花。主人大概常浇水喷洗，所有的花，都清丽明净，如刚沐浴过的婀娜女子。

邂逅这么多美艳动人的花，我欣喜地驻足，看不够，就用手机拍。一张笑脸从月亮门里迎出来，朴素、热情又亲切的笑脸。迎出来的是个五六十岁、中等身材的男人。

"你们是远道来的吧，去老钱家？"他望着前面老公公的背影，指着近旁一户人家。

我的心全在花上："这么多花儿，太漂亮啦！全是您养的？"

"是啊，每年都养，习惯了。花儿也一年比一年好看。要是喜欢，走的时候捡大朵的，摘些带回去。"男人语调不高，温和的声音里透着欣喜。他含笑看花的眼神，像是在看自己的一群美丽的女儿。

从亲戚家出来，我又驻足流连天然篱笆上的花。男人还站在月亮门外，依旧一张朴素的笑脸相迎："看哪朵好看，尽管摘，回去插花瓶里，也能开几天。"

我没带走一朵花儿，那绚丽缤纷的花篱笆，洋溢着美丽温和的芬芳，在我记忆里扎了根。这花的篱笆，总让我默诵起陶渊明的"采菊东篱下，悠然见南山"，联想到老舍的"青松作衫，白桦为裙，还穿着绣花鞋……"虽生活在石粉包围的偏远山村，因为这鲜花盛开的明媚篱笆，男人平凡的日子和生命，一定不缺少希望和滋味儿。

归路上，我们绕道丹东，坐船游鸭绿江。在中朝交界的水域，皮肤黝黑的朝鲜老乡驾着简陋的小船靠近游艇，售卖烟酒等物品。交易结束，朝鲜老乡望着游客们，指指自己的嘴和肚子。导游解释，他饿了，哪位游客有吃的喝的，可以送他一点儿。游艇上很快伸出两只纤细白嫩的手，那是一双年轻女子的手，左手一袋煎饼，右手两只鸡蛋。女子的身姿和脸庞隐在人丛中，却不妨碍她那双送出关切的手定格成永恒的镜头。

这女子关切之手送出的善意，宛如大山深处鲜花的篱笆。鲜花的篱笆，又与一段视频关联起来。那是几年前一个文艺节目的片段，至今还在被人们转载。拾荒歌者幼小丧父，少年外出打工，因贫穷和知识贫乏找不到正式工作，除了打零工，更多是在城市的垃圾桶前翻找生活。常夜露宿街头的他，到中年还未成家，甚至不知自己确切的年龄。他却一直热爱读书和唱歌，热心照顾朋友的家人。"我一直相信，世界上有很多美丽的东西，我也想成为其中一部分。"他干净的眼神、纯粹的歌声和绚烂的梦想，编织出的也是一道花的篱笆。我们无法洞悉拾荒歌者的人生，在视频里邂逅，却被他的善良和执着感染，一下子沉静下来，对世界多了敬畏之心。

白驹过隙，忙忙碌碌间，除了至亲好友，我们很难走进更多人生命的院落，也难以邀请更多人走进我们生命的居所。然而，作为世间众生，我们却可以以美好的情趣、温暖的善意，以热爱和执着等，为生命加一道花的篱笆，让路过我们生命的人，分享一片明丽，一缕馨香。

你所浪费的今天，是昨天死去的人奢望的明天。你所厌恶的现在，是未来的你回不去的曾经。人生短短数十载，青春意气，终究敌不过荏苒时光。生命是一场无法回放的绝版电影，有些事现在不做，一辈子都不会做了。唯有把握当下，去做你想做的事，去见你喜欢的人，愿老了之后回忆起来，有一个嘴角上扬的岁月。

让你的人生简单一点

用不着美慕别人的生活，心简单，世界就简单，幸福才会生长；心自由，生活就自由，到哪都有快乐。有时候，与其多心，不如少根筋。没心没肺，才能活着不累。从明天起，做一个简单而幸福的人。不沉溺幻想，不庸人自扰，不浪费时间，不沉迷过去，不畏惧将来。

"小小一株含羞草，自开自落自清高"，最早听说含羞草，缘于电视剧中那首脍炙人口的歌曲。虽然我没有见到过含羞草，但在我的脑海中，时常会想象着它的模样：它是美丽的，美得清丽脱俗、温润娇柔，它美丽的枝叶，亭亭玉立，如同一位娇羞的美人，手指轻轻一碰，美丽的叶片便会轻轻地合上。我甚至还在心里想"闭月羞花"一词是否与它有关？

很长一段时间，含羞草在我心中神圣而高贵，因为，它代表着纯洁与爱情。

来南方后，我问过很多朋友：你见过含羞草吗？他们总是摇摇头，说：含羞草？听说是一种很有趣的植物，应该很稀有珍贵吧，可惜没见过。

我向我的同乡平问及含羞草。平大笑，说：含羞草啊？红花山公园到处可以看得到！你有时间来光明，我带你去看。

我不信。因为，我多次去过红花山公园，却从来没有看到过含羞草。

平说，因为你不认识它，即便是看到了，你也会视而不见的。

怎么可能呢？我如果见了它，一定会认出来的。我真的没有见到过含羞草的！我反驳平的话。

我开始缠着平，让她带我去看含羞草。

挨不过我的软磨硬泡，平答应下来。

那是一个春日的早晨，太阳羞答答地探出头来，朝霞映红东方的天空。我像一位寻宝者，一大早坐上从福永到光明的车，怀着好奇的心情，让平带我去寻找含羞草。当时的心情如同去会见一位心仪已久却未曾谋面的朋友，内心充满欣喜与激动。

终于，在以山体、林地、池塘、谷田等自然资源为依托的牛山公园山坡上，我见到了传说中的含羞草。

然而，让我大跌眼镜的是，它是那么普通，那么平凡！它的枝叶不漂亮，也不青翠，更没有我想象中的亭亭玉立。它只是一棵瘦小的灌木，小小的羽状叶子平平铺开，长在杂草间，毫不起眼，毫无特色。

我有些不相信，这真的是传说中的含羞草吗？我上前用手指轻轻地碰一下它的叶子，它马上就将一对对细而长的叶子合上，一副无精打采的样子。我在它的周围，看到了更多的含羞草。它们有的生长在山坡上，有的藏在绿化带的灌木中，有的在小路边，一丛丛、一簇簇，既不美丽，也不神奇，就这样平平淡淡、从从容容、无拘无束地成长着。

看着不显眼的含羞草，我忍不住感叹，这些有着美丽名字的含羞草，却是如此纯朴无华。它不图名，不逐利，不与鲜花斗艳，不与芳草争奇，这何尝不是一种生活态度！

"看！那里有一株开花的含羞草！"平指着草丛处对我说。

顺着平手指的方向望去，我看到了一株开了花的含羞草，它的花色是桃红色，花型呈伞状，有些像蒲公英的花，毛茸茸的花立在细小的枝头，不浓烈亦不娇艳，却是如此清新、脱俗。

我感叹不已。过去，我不知道，也没想过，含羞草会开花，而且是如此清新美丽的花。

平说，说到含羞草，我们只想到它的草，而忽略了它美丽的花。

我终于明白：人世间，其实有很多人，有许多事情，都是很平凡很简单的，只是我们无形之中不自觉地把它们复杂化了，譬如含羞草，譬如爱情。

　　我避开无事时过分热络的友谊，这使我少些负担和承诺；我不多说无谓的闲言，这使我觉得清畅；我尽可能不去缅怀往事，因为来时的路不可能回头。我当心的去爱别人，因为比较不会泛滥；我爱哭的时候便哭，想笑时便笑；只要这一切出于自然。我不求深刻，只求简单。保持一颗年轻的心，做个简单的人，享受阳光和温暖。

很多烦恼都是凭空虚构而已

做人千万不要太敏感，要豁达一些，不仅仅是对别人，也要对自己。想太多伤到的是自己，说者无心听者有意，随随便便一句话，你都要想东想西琢磨来琢磨去太累了，很多事情都是听的人记住了，说的人早忘了。不要错误地认为别人都自我意识太强，其实是自己的自我意识在作怪。

24岁的小艳，是我的工作伙伴之一。她做事很积极，人也很甜美，和她一起工作是一件愉快的事情。然而，当我进入她的QQ空间时，我看到她的另一面。

她常在烦恼一些事情，比如男友对她说的某一句话，或同事对她的某个似乎不太友善的举动，或自己讲错的一句话，或某件事似乎没做得很好……

有天，她写着："明明知道这样做没用，但就是一直在烦，好烦，好烦……"我那天大概也太闲，忍不住留言给她："嘿，送你一句话消除烦恼，那就是，别太在意自己的烦恼。"

我年轻时，也跟她一样，有好多烦恼。

烦恼男友不够爱我，烦恼自己将来会不够有出息，烦恼明天的新工作可能会无法胜任，烦恼别人不是真的喜欢我。

其实那个时候，客观来看，该烦恼的事情实在没有现在多，做的事也比现在少很多。

后来我总结，一个人的烦恼和行动力成反比，你越有行动力，你就比较不会烦恼。

烦起来，会不由自主地有点抓狂，不是自己所能控制的，但为了不要让这个烦恼去引燃或制造其他的烦恼，我还是会浇自己一盆冷水，说："不要太在意自己的烦恼。"

有时候这句话会变成："不要太在意自己的痛苦。很多痛苦是因为想太多了。"

根据我个人统计，事实上，人生真正值得烦恼的事，不会超过5%，我们的烦恼大部分属于庸人自扰。我的分析如下：

有的烦恼是自找麻烦——比如他到底爱不爱我，他们是否真喜欢我。

有的烦恼是杞人忧天——比如地球会不会毁灭，天会不会老死。

有的烦恼你现在烦也没用——比如会不会有地震、海啸，明天已确定的旅行会不会碰上大塞车。

有的烦恼你只能听天由命——比如你买的那只股票会不会涨，彩票会不会中奖，物价会不会上涨。

有时花时间烦恼不如花时间努力——比如考试会不会过关，企划案会不会获得青睐，比赛会不会赢，退休时会不会有足够的退休金。

有的烦恼非常细微——明明是鸡毛蒜皮的小事，你却当大事来折腾。

总之，与其烦恼不如学会解决问题。我确实看到很多很会烦恼的男人女人，这些人都是悲观者。

他们如果能因为烦恼而变得谨慎，那么也有好处，人生会少一些失误。但大多数的人，都是一烦就躁，一躁就误事，还误了人际关系。

多数女性还比男性多了一个问题，那就是情绪泛滥。我常看到有些女人，只为了别人讲的一句不顺心的话，记恨了终生。很烦，但烦并没有使她往正确方向去。

我也碰到过一位因为医生说她已到中年所以得了干眼症的贵妇，当她伤心地向我倾诉时，我真的很想建议她，是否也该看看精神科。干眼症？我早就有了，又不是绝症！

要烦恼前，请先想想值不值得烦恼。情绪泛滥，铁定是烦恼的头号杀手。

想太多，只会导致更多问题。有些烦恼是我们凭空虚构的，而我们却把它当成真实去感受。做人不要太玻璃心，不要别人一条信息没回，就觉得自己做错了什么，不要被人一句"呵呵"，就觉得对方是讨厌自己。玻璃心，想太多，什么事都对号入座，何必那么累。

用你的镜子照亮你自己

世界上最美的风景，不如回家的路；世界上最深情的话，不如与你相拥；世界上最好的人，不如更好的自己。别忘了答应自己要做的事情，别忘了自己要去的远方。世上最好的保鲜就是不断进步，让自己成为一个更好和更值得爱的人。

[1]

我工作的第一家公司是个大集团，公司的茶水间很大，每天早上刚到办公室的那半个小时，茶水间很是热闹，男士们喜欢泡绿茶，女士们喜欢泡花茶。每次洗杯子时，他们总是把杯子里前一天的茶叶，还有枸杞红枣等，直接往水槽里一倒，不用几个人，水槽就堵住了，于是有人开始大喊："清洁阿姨，过来啊！"

清洁阿姨正在清洁厕所，于是赶忙出来，用手把茶叶一类的东西掏出来，冲洗一下水槽。结果下一拨人来清洗杯子，不一会又堵住了。

有天，我打印出一张告示，贴在茶水间：麻烦大家先把茶叶倒进垃圾桶里再清洗杯子，多谢合作！

告示果然有效，第二天早上水槽堵住的情况少了很多。可是没有持续多久，又回到原来的状态。这场温馨提示，就以失败告终了。

[2]

公司中午包午饭，聘请了一家餐饮公司，每天都会把菜送到办公室门前的大走廊，午饭不是盒饭，而是十几个大菜盘摆在那里，大家自己拿碟子去自助取餐。

每天中午12点半，就是大家差不多吃完饭的时候，餐饮公司会提供两个很大的箱子，收集用过的餐具，大部分人的习惯是把剩下的米饭先倒进垃圾桶，然后再把碟子放到箱子里。

有天看到一男生，连饭带菜外加一碗没喝过的汤，直接一股脑丢进箱子里，外加一大团刚擦过嘴的纸巾。

接下来几天，那个男生依旧如此。有天我实在忍不住了，于是半开玩笑说道："你怎么懒成这样呀？垃圾桶就在旁边，你就不能把剩饭剩菜先倒进去，再放碟子呀！"

结果他哈哈一笑，说："我要这么勤快，清洁阿姨就要失业了呀！"

我心里很震惊，因为他是他们部门老大亲自面试进来的研究生，工作做得风生水起，甚得领导喜欢。

3个月后，那个同事试用期刚过，要转正了，人力部门让我们每个人给他做一个评价，我直接就写了一句：我不认为此人可以很好地处理目前的工作。

我心想着还有很多人给他评价打分，我的评价不会有多大的分量。没想到几天后，这个男生被辞退了。

我于是去打听，原来好多同事写的评语跟我一样，还有写得更狠的，有一老同事吃饭的时候跟我们透露："我不管他工作能力怎么样，就他中午吃完饭那样，我就不喜欢。"

这是我第一次真正意识到，身在职场，你的一举一动，别人都会看在眼里，不说并不代表他们不在意，一旦在关键时刻，你平日所作所为积累的口碑，就会在那个关口，显示出不可思议的力量。

[3]

我来自南方城市的一个小城镇，因为处于江河边上，每年夏天都会发洪水。有一年洪水来得特别猛，一夜醒来，稍微低一点儿的房子都被淹没了，夸张的是，不知道从什么地方漂过来了一堆鸡鸭鱼，一大片一大片，场景很是壮观。附近的人家都划着小船出去捞。我家门前也漂来一团东西，近了才看清，是好大两头母猪。我哥说时迟那时快，赶紧把两只猪搞定了，赶到角落里。

第二天洪水退去，邻居们就把捞上来的鸡鸭鱼拿去集市上卖。我们家那两只庞然大物，还在角落里待着。不一会儿，有人来我家问询，说你们把猪给我吧，我给你们一笔钱。我妈想了想，拒绝了。

等到晚上，终于有人来找猪了。原来那两头猪是不远处一户人家的，那户人家家境不是很好，所以显得特别焦急。等我们归还后，对方死活要给我家一点儿钱表示感谢，我妈二话不说就把钱还回去了。

很多年过去了，我一直记得这个画面，那也是我第一次明白，教养这件事，跟家境一点儿关系都没有。

[4]

生活中，我们会看到很多有教养的人。上班坐电梯时，总有人先帮忙拦住电梯门，等大家全走出去，他才进去；我的一位同事，总是非常守时，与人约好时间，他总会提前10分钟到达……

这些人，无论是在人群中还是自己一个人待着，他们的心里都有一面镜子，时刻照亮自己。他们不知道，在照亮自己的同时，其实也照亮了很多像我这般敏感而较真的人。

我喜欢和这样的人做朋友，也想着自己慢慢成为这种人，这不是一件多么累的事情，而是一种习惯，一种潜意识。

所谓教养，简单了说，就是不管你的出身和背景，你都可以选择做个更好一点儿的人。

如果你选择了做更好一点的人，那就再努力一把，去过有教养的生活。这种生活不需要别人下定义，甚至不需要让不相干的人知道，你只要坚持做最忠诚的自己，安静又骄傲地绽放在自己的春天里。

定好你人生的位

生命不是用来比较，而是用来完成。所以其实我们更需要的，只是在这个过程里，不断的播种收割自己。虽然有时候这个过程会有些长，可是不要慌，生命没有那么分秒必争。觉得乱的时候，就停下来把自己整理清楚。然后再出发。沉住气，忠于内心，生命才饱满。

人有时候也很奇怪，会倚靠外在的东西，让自己有信心。

譬如说我小时候，大部分的孩子经济条件不好，营养也不好。但有一个同学长得特别高大、壮硕，他走起路来就虎虎生风，特别有信心。

人类的文明很有趣，慢慢发展下来，你会发现，人可以有各种不同的方式使自己有信心，但前提是要有一个比较成熟、比较丰富的文化支持。

譬如说我虽然很矮，可是我在另一方面很高大，可能是在心灵方面，或者精神方面，或者有某一方面特殊技能。我很期盼有这样的一种社会、这样的文化出现，让每一个人有他自己不同的价值。

我们的社会的确已经在走向多元，举例来说，现在有很多地方都要求"无障碍空间"的设计。我小时候哪里有这种东西？残废就残废嘛。可是我们现在也不用这样的称呼了，因为他并没有废。

这不只是一个名称的改变，而是人们重新思考，过去所做的判断对不对。过去的残就是废，就是没有用的人，但现在发现他不是，他可能有其他很强的能力可以发展出来。

我想这就是多元社会一个最大的基础，人不是被制化的。

制化，就是用英文分数、数学分数就决定这个学生好或不好。不把人制化，才能让人身上的其他元素有机会被发现，丰富他的自信。

我们的社会在慢慢地往这一个方向走，但同时有一些干扰，例如重商主义、唯利是图的价值观，又会让多元趋向单一。单一化之后，就会出现这样的声音："考上大学有什么用，歌手接一个广告就有数百万入口袋，那才实在。"

所以，价值的单一化，是我们所担心的。

一个成熟的社会，应该是每一个角色都有他自己的定位，有他不同的定位过程，每个人都能够满足于他所扮演的角色。这个观念在欧洲一些先进国家已经发展得很成熟，他们长期以来重视生命的价值，所以他们的自信，不是建立在与别人的比较上。

许多人喜欢比较，比身上是不是穿名牌的服装，开的车子是不是BMW，或是捷豹；也有人是比精神方面的，最近上了谁的课，看了哪一本书。听起来是不同的比较，精神的比较好像比物质的比较还高尚，其实不一定。

就像宗教或哲学里所谓的"圆满自足"，无欲无贪，充分地活在快乐的满足中。

这和"禁欲"不一样。好比宗教有成熟的和不成熟，不成熟的宗教就是在很快、很急促的时间内，要人做到"无欲无贪"，所以提倡禁欲。成熟的宗教反而是让你在欲望里面，了解什么是欲望，然后你会得到释然，觉得自在，就会有新的快乐出来，这叫作圆满自足。

西方的工业革命比我们早，科技发展比我们快，所以他们已经过了那个比较、欲求的阶段，反而回来很安分地做自己。他不会觉得赚的钱少就是不好，或是比别人低贱，也不会一窝蜂地模仿别人，复制别人的经验。

在巴黎从来不会同时出现四千多家蛋挞店，这是不可能会发生的事。可是，你会在城市的某一个小角落，闻到一股很特别的香味，是咖啡店主人自己调出来的味道。二十年前，你在那里喝咖啡，二十年后，你还是会在那里喝咖啡，看着店主人慢慢变老，却还是很快乐地在那里调制咖啡。

这里面一定有一种不可替代的满足感吧！

我觉得每一次重回巴黎最大的快乐，就是可以找回这么多人的自信。

每一个角落都有一个人的自信,而且安安静静的,不想去惊扰别人似的。

譬如冰激凌店的老板,他卖没有牛奶的冰激凌,几十年来店门前总是大排长龙。但他永远不会想说多开几家分店。他好像有一种"够了"的感觉,那个"够了"是一个很难的哲学:我就是做这件事情,很开心,每一个吃到我冰激凌的人也都很快乐,所以,够了。

这种快乐是我一直希望学到的。

人生需要不停地奋斗,要面对自然灾害和各种困难的侵扰,可谓步履艰难,需要不懈地努力拼搏,开拓进取。但是只要你心中拥有自信,你的心情就会开朗,你的胸怀就会广阔,就会在困境中坦然面对困境,在苦闷中摈弃苦闷,在烦恼中超脱烦恼。你就会走出雾霾,踏破风雨,登上风光无限的险峰。你就会在山穷水尽时步入柳暗花明。

精心熬制人生这碗鲜汤

我认为，至深的平和，一定经过命运浮沉的洗礼，一定经过生离死别的考验，一定经过爱与恨的煎熬。一切都经过了，一切都走过了，一切都熬过了，生命的底色里，增了韧，添了柔。这时候平和下来的生命，已经沉静到扰不乱，已经稳健到动不摇，已经淡定到风打不动。

家乡人管炖一锅高汤叫"熬汤"，那似乎也是一种人生的譬喻。因为许多人认为，生命的鲜美往往是"熬"出来的。

那年，我迷恋上了做木工活儿，因为要念书，是不可能去拜师学艺的。但我看到良龙叔家的八仙桌，阔面，束腰，三弯腿，特别是牙板上的浮雕拐子龙，栩栩如生。两侧放两把椅子，八仙桌就如一位大儒，稳定平和。

听说，这一张八仙桌是我的曾祖父当年打制的，由于曾祖父木工活儿特别出彩，名字叫存佩，因而被人称作"佩爷"，十里八乡都这样叫，这是一种尊敬。当时我的想法是，我也要做一个像曾祖父这样的人，以精湛的木工手艺受到乡人们的敬重。

没人教我怎样做木匠活儿，我就买来几本木工书，一有时间就拿起锯子、斧子、刨子等，比照着书上所说去做。我想，熬个三年五载，木工活儿也会做得像模像样了。

然而，我的时间没少花，可一年过去了，不说做出像样的桌椅板凳，就连打榫也没能过关，榫头不是小，与卯眼契合后没两天就掉了；就是大了，契合时卯眼被撑破。因而白白浪费了许多木料，因为那些东西要不了多长时间，就只能作燃料去做饭或熬汤了。

可我并不气馁，心想只要再坚持"熬"下去，时间长了，总有达到曾祖父水平的那一天。那是在自学木工三年后，一天村前的东荆河里涨水，父亲从河里打捞起一根上好的红木。我知道，红木打制的家具美观大方，经久耐用。

那时，不知是真心还是假意，已经有乡人夸我打制的家具了。有些飘飘然的我便欲将那根红木打制成一张八仙桌，心想，要是这张桌子做成，在家里的大堂中间一放，就一定能为我家增福添瑞。

于是，我常常到良龙叔家去看，对着那张八仙桌去揣摩。我要做得比那张桌子更好，除了雕龙外，我还要在牙板上加上浮雕吉祥图案。

可我以前接触的全是家乡的杨柳等木料，对红木的性子一点儿也不了解。不说浪费了许多红木，最后做成的八仙桌就如同一个老态龙钟的老人，没有半点儿儒雅及灵气儿。

已快过年了，家中照例要熬一锅高汤。我将那些制作才两年却已摇摇欲坠的椅子板凳拆了，放在灶膛里做燃料。奶奶一边照料着锅中的汤，一边对我说："清儿，你知道一锅高汤怎样才能熬得味道鲜美吗？"

我说："除了鸡架、猪骨、火腿等要新鲜，熬汤很重要的一点就是小火慢熬，也就是时间出美味。"奶奶说："时间固然重要，但这并非关键。"见我疑惑，奶奶又说，"关键是要撇沫，否则，高汤会浑浊不清，味道就难免显得有些苦涩。"说着，奶奶便拿着勺子把汤面上浮起的沫子撇去。

听了奶奶的话，想起了我这几年的木匠活儿。我不能说不用心，不能说花的时间少，可依然没有多大进步。原来是没有"撇沫"，比如说没撇去虚荣心、浮躁冒进的"沫"。

奶奶又说："当年你曾祖父学木匠手艺，锯、刨、砍、削、锛、凿等基本功就学了整整一年，仅打榫又学了半年。就像盖房子一样，地基打坚实了，房子才会牢固。"

我最终没朝木匠的路继续走下去，但奶奶的话让我受用终身。比如念书，比如写作，比如做人。从那以后，我踏踏实实做人，一个心眼儿只求把事儿做好，并不计较那些与把事情做好本身无关的事。

生活就是在炖一锅高汤，在人生的沸腾翻滚中，要不断撇去追名逐利的泡沫、浮躁虚泛的泡沫。只有如此，人生的高汤才能鲜美异常。

你无须告诉每个人，那一个个艰难的日子是如何熬过来的。大多数人都看你飞得高不高，很少人在意你飞得累不累。所以，做该做的事，走该走的路，不退缩，不动摇。无论多难，也要告诉自己：再坚持一下！别让你配不上自己的野心，也辜负了曾经经历的一切。

重新选择你的人生

人生中出现的一切，都无法占有，只能经历。我们只是时间的过客，总有一天，我们会和所有的一切永别。深知这一点的人，就会懂得：无所谓失去，而只是经过而已；亦无所谓得到，那只是体验罢了。经过的，即使再美好，终究只能是一种记忆；得到的，就该好好珍惜，然后在失去时坦然地告别。昨天越来越多，明天越来越少。走过的路长了，遇见的人多了，不经意间发现，人生最曼妙的风景是内心的淡定与从容，头脑的睿智与清醒。

[1]

人的一生，应该像一杯清茶，一点一点地浸泡，慢慢地品尝，细细地回味，在氤氲的茶香中慢慢体会清香的悠远至味。

并不是所有的人都能够让心灵安静下来，做到处变不惊，从容淡定，物我两忘的。面对尘世里种种的诱惑，有多少人放弃了操守与品格，把自己送到了悬崖边上？

其实，很多时候，你需要的，不是万千财富，而是一壶清茶。一个人，在雅致的茶海边，泡上一壶清茶，那清幽的茶香，会让你放下生活中的种种复杂，会让你慢慢思索和感悟，会洗去你心灵的尘埃。那袅袅的茶烟，也一定会给你清澈的领悟，让你的那一刻变得生动而博大，更会让你变得轻松而旷远。

生命中没有永远的精彩，也没有永远的不幸，岁月之河在经过了大浪淘沙的波涛之后，最后一定会归于平静。生命轮回，春秋荣枯，这烟火人间里的滋味，我们安静下来之后，自然会能够参悟。而明白了这些之后，我们又有什么不能够放下的？

如果能够邀请我们的家人一起，或者邀请我们的朋友一起，来品尝茶的滋味，那番情景，就不是一个温暖能形容的了。那份相守，那份瞩目，那份亲切，胜过多少冷静的承诺，胜过多少遥远的眺望啊。

对于我们来说，人生中的所有的需求，其实我们都可以很简单地就可以拥有，不同的是，我们是否可以以一颗平静淡定的心，从容看待人生里的苦乐悲欢。

山水从不问人间恩怨，也不关心人生沉浮。

一壶清茶，自会带我们去山水之间，忘却尘世的云烟，放下人间的恩怨，享受自然的鸟语花香。

一壶清茶，能让我们笑看浮云流水，能让我们放下心中的块垒，更可以让我们走向山川，拥有博大的胸襟。

[2]

苏东坡那句"人有悲欢离合，月有阴晴圆缺，此事古难全"，千百年来让多少人为之倾倒，为之惆怅。在我们的心中，月就是有圆有缺的，每月的十五是满月，每月的初一是一弯新月，这早已经是千百年来人类共同的定论，也为此不知产生了多少美丽凄婉的诗篇。

其实，月亮本身是没有任何变化的，它永远是圆的，我们之所以看到了它的圆缺，是因为我们所处的地球有时候遮挡了它的身影，才让它失去了自己本来的容颜。

月亮并没有变，是我们让它变了。

人类早已经登上了月球，那里是一个没有水，没有植物，没有生命的荒漠。但是，千百年来，在我们的人类世界里，月亮上发生了多少美丽的传说。

这一切美丽的故事，在月亮上都没有发生过，是我们一厢情愿地让它发生了。

我们的人生一如我们对月亮的赋予，很多时候，世界本来并没有变，生活本来并没有变，别人本来也没有变，可是我们自己却把自己搞得惶恐不安，那是因为我们缺少了一分清醒，是我们自己的虚妄遮挡了我们的眼睛。

世界本来的面目总是隔着一层纱，如果我们有一双明亮的眼睛，我们就不会迷惘和困惑，在红尘路上，活出自己的那份淡定与从容。

[3]

秋意浓了。

坐在窗前，端着一杯刚刚浸泡的茶，眺望着蓝天白云，享受着这深秋的阳光，让窗外的景色慢慢梳理着繁杂的心绪。

是的，不论我们是辉煌过还是失败过，时光一如江河的流水不能倒流。如果陷入回忆，我们不过是撑一只竹筏，逆流而上，去岁月的河流里寻找那已经没有任何意义的曾经的快乐与忧伤。那些如烟的往事，都早已经风化成时间的化石，在岁月的风尘里定格，不论我们怀着多少虔诚与不舍，它们都不会再改变丝毫的色彩。

我们唯一要做的，是放下，不要再让那些回忆固执地潜伏在你的内心里。那些辉煌，只不过是你过去的成功；那些过去的失败，也只能说明你过去没有做好，它们对于今天的你已经没有什么意义。我们要放下那颗纠结的心，让心灵清洁干净而轻松，以"人生本无蒂，飘如陌上尘"的境界，去人生的下一个路口。

古人说"山重水复疑无路，柳暗花明又一村"，说得多好呀，古人就是一再提醒我们，总有下一个路口在等待着我们到达。我们的过去，不是因为我们没有追求，往往是因为追求太多而束缚了手脚。不是我们没有期望，也往往是因为欲望太多而迷失了方向。

很多时候，我们是因为出发了太久，而忘记了出发的目标，让自己迷失在了走的路上。那么，我们就整理心情，修正坐标，找对方向，去下一个路口吧。

下一个路口，就是人生的重新选择、重整旗鼓、重新再来。只要你怀抱着必胜的信念，把烦恼放下，把遗憾放下，只要你记得自己曾经的失败，只要你不愿意输掉自己，你的经验就不会让你重蹈覆辙。

下一个路口，是我们对自己神圣的期待，更是我们对生命庄严的承诺。只要我们准备好了一颗心，放下人生的块垒，拂去眼前的浮尘，我们在那个路口，就一定会收获人生的惊喜。

人之所以痛苦一是求之不得，二是舍之不得。老天在送你一个大礼物时都会用重重困难做包装；任何时候都不要放弃底线，只有心灵站直了生命才不会倾斜；智者把放下当前进，愚者把放下当绝望，放下的高度，就是快乐的程度；一个人快乐的前提不是他有能力改变世界，而是有恒心改变自己。

无视你内心的伤痕

　　每个人的一生，都会经历无数的人和事，好的坏的，温暖的回忆，渐长的伤痕，都无法拒绝，只有接受。但就在这些人和事中，人逐渐学会成长。时间能让伤口痊愈，虽然总会留下或深或浅的痕迹。或许人生本来就应是酸甜苦辣尝遍，才能让人有活着的快感。

　　有个朋友现在是服装店的小老板，离大富大贵还有一段长长的距离，但温饱早就不愁了。朋友以前的生活在我们看来真是惨不忍睹：五岁死了父母，依傍年迈的祖父母过活，挨过饿，受过冻，成年后下过最危险的私人小煤窑，站过一不留神就可能被绞断手指的流水线，还被非法小鞭炮厂炸断过胳膊。然而，说也怪，朋友一贯笑声爽朗，从来不把艰难挂在脸上。我问他为何如此乐观，朋友说：不就是在成长过程中遇上了一点事吗？谁的内心没有过疤痕呢？

　　每个人的内心都有疤痕，这是我的朋友对生活的理解。确实，人的一生路途遥远，在生命的跋涉中，谁敢担保自己不遇上点风雨泥泞、绝壁深壑？对于我的朋友，他的疤痕是肉体上的，比如少时的贫穷生活，成年之后最初一段时间的危险四伏；对于另一些人，他的疤痕可能是精神上的，比如年少的不受重视、怀春季节的失恋、学业的挫折、工作的失意……

　　说到生命的疤痕，那些名人大腕未见得一定比我们少。林语堂年轻时非常爱同学的妹妹陈锦端，陈锦端也特别喜欢他，陈锦端的父母却嫌林语堂是一个穷传教士的儿子，不愿将女儿嫁给他。不得已，林语堂只好跟廖翠凤结婚。林语堂最可贵的地方在于：他能够"无视"灵魂的疤痕，沿着既定的路走下去。失恋后，林语堂先后去了耶鲁、哈佛、莱比锡等世界知名大学留学，回国后历任清华大学、北京大学、厦门大学的教授，后来又出了国，任联合国教科文组织美术与文学主任、国际笔会副会长。除了职业上的成就，林语堂还是杰出的文学家，写有《京华烟云》《生活的艺术》《吾国与吾民》等非常有影响的作品。可以毫不夸张地说，如果没有那一场刻骨的失恋，林语堂的精力未必能如此集中，他也未必能发展得这样酣畅淋漓。

身上有疤痕并不可怕，疤痕只是人生的一个疵点、生命的一段小小的停滞，它不会妨碍你整体的健康，更不会挡住你走向梦想的双脚。真正可怕的是我们内心放不下这个疤痕，总是一遍遍无用地哀叹没有这个疤痕我会如何如何，现在有什么办法可以遮掩这个疤痕。这样，我们势必会将许多宝贵的时间浪费在不产生任何生命效益的事情上。我的朋友与林语堂是聪明的，他们知道：无论你愿不愿意，生命的疤痕是永在的，但我们可以不去管它，通过在别的方面获得的成就与快乐抚慰自己。

其实，一个人想"无视"内心的疤痕并不像我们想象的那样难，它不需要投入巨额资金，更不需要上刀山下火海，它要求我们的不过是一些心灵的调料。首先一个人得有点心理硬度。男人也好，女人也罢，既然你已经决定到这个世间走一遭，你就不要期望这个世界给你的处处是笑脸与鲜花，碰破一点皮，流一点血，自己包一下就是。只要脑子还能想，手脚还能动，你就有咸鱼翻身的机会。我的朋友与林语堂之所以值得人们称赞，并不是因为他们消灭了疤痕，而是由于他们具有一种"打掉牙齿和血吞"的硬汉气质。正是这种心理的硬度让他们的生命变得柔软，能够适应复杂的世界。

再一个，我们必须学会有点"出息"。这里的所谓"出息"，不是一定要做多大的官、出多大的名、发多大的财，而是应该有一种让自己安身立命的东西。当大官、出大名、发大财，是少数幸运者才能做到的事，但拥有一种安身立命的东西不算困难。比如你是农民，不妨做个本乡本土的种田能手；你是工人，不妨成为次品率最低的巧匠；你是老师，不妨成为被学生爱戴的好园丁。有了可以安身立命的东西，你的内心就会多些安慰，对疤痕也就不会那么在乎。生活告诉我们：有本事引领生命穿过万水千山的心灵，才有本事引领自己走过内心的黑夜。

每个人的内心都有疤痕，学会"无视"它，学会以光芒四射的其他事物"替代"它，我们也就有了一个光洁、妩媚的人生。

一个人的美丽，并不是容颜，而是所有经历过的往事，在心中留下伤痕又褪去，令人坚强而安谧。所以，优雅并不是训练出来的，而是一种阅历。淡然并不是伪装出来的，而是一种沉淀。从某种意义上来说，人永远都不会老，老去的只是容颜，时间会让一颗灵魂，变得越来越动人。

关闭内心所有的
声音，用一朵花开的时间

不惊扰别人的宁静就是慈悲；不伤害别人的自尊就是善良。人活着，发自己的光就好，不要吹灭别人的灯，做自己该做的事。包容别人是一种修养，不是懦弱，也不是胆怯，而是谅人所难，扬人所长，补人之短，恕人之过。包容是一种美德，也是一种善待，善待别人的同时，也是善待自己。

我一直不相信植物开花的声音会被人类窃听入耳，平日里在书上看到的大多是美丽的谎言罢了，因为物欲横流，因为这世上缺少美丽。所以，艺术家们总是在以另类的方式推销他们的美学观点。

花就摆在那儿，不怒不喜，不嗔不笑，它们是大自然最合理的艺术品。人有人言，花有花语，它们开自己的花，就像人类走自己的路，喝自己的酒，贪自己的钱一样，它们有自己的时间与规律。

但那一日，半夜里与儿子出行，在池塘边，当时万籁俱寂，周遭毫无声息，流水也停止了，因为池塘是一潭死水，心脏跳动的声音被隔离在肉体内部，一个人感觉不到另一个心跳的声音，儿子突然间怔了一下，转身对我说道：我听到花哔哔剥剥的开放声了。

谎言。我扯了儿子一把，他是在向我的理论发起挑战，我刚想刺激他时，他却转身拉了我，在海棠花前驻足。

静下心来，停止呼吸，儿子提示我以这样的逻辑应对一朵花的盛开，我照做了。虽然心脏不好，虽然大汗淋漓，虽然头顶的繁花落尽，虽然有时候我对他呼五喝六，要求他照着我策划的路线前进，但现在，我宁愿相信身边另一个男子汉的教导。

果然有声音悄悄袭来，"咔嚓"一个声响，海棠花倏地开放的声音刺激着我多年的传统论点，儿子兴奋地冲着我点头示范着，好像自己俨然成了一朵快要开放的花朵。

花儿的开放不是持续的，它们兴许是害怕有人破坏它的生长意境，更或者是恐惧人类的东奔西走，而将自己的声音扔在九霄云外不闻不问，所以，它绽动身躯时十分小心翼翼，生怕有人打扰了它的好梦，它又产生了声响，我和儿子将它共鸣在心灵的最深处。

那夜，月朗星稀，我们两代人，共同倾听了一朵花忘情的开放，不需要掩饰，更无须粉墨，不是作家笔下的点滴，也不是艺术家心中的点缀，只是按照自己的时间，固定地开放，只不过，被两个平日里眼睛蒙尘的世人，偶然发现罢了。

原来这世界上果然有花开的声音，原来这世界上最单纯最简单的美好被藏在自己的身边。花是世界的一颦一闹，是植物界最精彩的注脚，是风，是波，是月落，是虫笑。

像花开这样的美好原来无时无刻不存在于我们的身边，只是我们耳不聪目不明，心如沸水，如何能够理解万世苍生。

人在落难的时候，总会得到世界上最美丽的扶助，总会感觉到平日里难以察觉的温馨与爱，除了世人的怜悯外，我想蒙难之人大多充满了和善，善良也是会传染的，就像两个疲惫的人在月色中听到了花开的声音，在灵魂里不经意间找到了天籁。

花开的声音，是世界上最美的疗伤药，是送给失恋人的补汤，是呈给失败人的安慰剂。

爱默生说过：一个可以聆听鸟声的人，才真正拥有了这个世界。鸟叫、花语皆是大自然的优美馈赠，花语似乎比鸟叫更加收敛、悄无声息，似乎对人的毅力与品质有着更深层次的考验。如果你没有低调，充满了杂念，不会在深夜时分去赶赴一场与花的经典约会，你便无法与一朵花的芳香吻触。

有生之年，我听到了花开的声音，也让一朵花感触到了我的存在，我不是圣人，但也可以物我两忘了。

心小了，小事就大了；心大了，大事都小了；看淡世间沧桑，内心安然无恙。大其心，容天下之物；虚其心，爱天下之善；平其心，论天下之事；定其心，应天下之变。大事难事看担当，逆境顺境看胸襟，有舍有得看智慧，是成是败看坚持。

淡然，是人生一种成长

茶不过两种姿态，浮、沉；饮茶人不过两种姿势，拿起、放下。人生如茶，沉时坦然，浮时淡然，拿得起也需要放得下。不乱于心，不困于情。不畏将来，不念过往。淡然地过着自己的生活，不要轰轰烈烈，只求安安心心。得与失，成和败，聚或散，虽然一样渴望一切都好，但也能安然地接受一切不好。时光静美，岁月轻柔，拈一颗淡然的素心，给生命一场花开，虽不能长久飘香，却也一定能走一程美一程。

人生如水，有激越，就有舒缓；有高亢，必有低沉。不论是绚丽还是缤纷，不论是淡雅还是清新，每个生命必定有其独自的风韵。人生一世，即便能够轰轰烈烈，也不会持久，平淡是最后的绝唱。平淡的人生好比是一杯浓淡相宜的茶，不急不缓地品着，人生真味尽在其中。其实，一切皆便，没有一样东西能永久占有。有了这一份超脱，我们才能够从容地享受人生，品味平淡的幸福生活。

《黄帝内经》中讲"恬淡虚无"，即心灵世界的平淡宁静、乐观豁达、凝神自娱。杨绛曾说，人间不会有单纯的快乐。快乐总夹带着烦恼和忧虑。"人要是战胜不了孤独，就摆脱不了世俗。"在她身上，人们品味出了家的温馨、人性的温暖、书香的安宁。杨绛先生钟爱蝴蝶兰，她本人也如同兰花般清淡、高雅。百年来，她经历过很多人世变故、天灾人祸，但她总能本着一份处乱不惊的乐观心态安然度过。简朴的生活、高贵的灵魂，令人动容，感动至极。这才是人生的至高境界。

平淡的生活，有时候我们需要承受淡淡的孤寂与失落，承受挥之不去的枯燥与沉寂，还要承受遥遥无期的等待与隐隐的痛。但走出阴影阳光灿烂，挤过狭缝天地宽阔。人生的意义，也深深蕴含于平凡与执着的生活之中……

别人的幸福，往往轻易就被我们发现，并成为一幕诱人的风景。但是，却不一定适合我们，因为每个人的经历、能力、心境、成长背景，都不尽相同。如果不身临其境，就不会明白个中甘苦。做好自己比羡慕别人，要管用耐用得多。

"人生不在初相逢，洗尽铅华也从容。年少都有凌云志，平凡一生也英雄。"如果我走在崎岖的小径上，我就从崎岖小径的角度去欣赏它；如果我走在林荫大道上，我就从林荫大道的角度去品尝它。我不认为林荫大道就优于崎岖小径，一旦你真正了解生命的意义，事物就没有好坏之别。得而不喜，失而不忧，内心宁静，则幸福常在；成而不骄，败而不馁，心灵和谐，则快乐长存。

霍华德金森曾以《幸福的密码》为题在《华盛顿邮报》上发表了一篇论文。在论文中，霍华德金森详细叙述了这两次问卷调查的过程与结果。论文结尾，他总结说：所有靠物质支撑的幸福感，都不能持久，都会随着物质的离去而离去。只有心灵的淡定宁静，继而产生的身心愉悦，才是幸福的真正源泉。

无数读者读了这篇论文之后，都纷纷惊呼："霍华德金森破译了幸福的密码！"这篇文章，引起了广泛的关注。《华盛顿邮报》一天之内六次加印！

古希腊哲学家伊壁鸠鲁说："幸福就是身体无病痛，灵魂无纷扰。"快乐不是奢侈品，而是人类的维生素。醉眼看花花也醉，冷眼观世世亦冷。你笑世界笑，快乐源于心乐，你的态度决定了你的境遇。万念皆心生，心浮则气躁，心静则气平。有些人，有些事，只能淡淡存放，幽幽隐于岁月。人生看淡了不过是无常，事业看透了不过是取舍，爱情看穿了不过是聚散，生死看懂了不过是来去。何须杞人忧天、庸人自扰？一个人的一生，有轰轰烈烈的辉煌，但更多的是平平淡淡的柔美。

简单地生活并不是漠视所有，而是有所为有所不为；并不是对人生的轻率无知，而是有责任敢担当；并不是肤浅地享受人生游戏人生，而是要学会加减乘除，懂得什么是幸福快乐的真谛。

精彩是人生的点缀，平淡是生活的主线。做人讲人格品德，做事讲职业道德，做官讲从政官德，这样才会有属于自己的幸福人生。这也是对那一份平淡生活的执着坚守！

幸福和平淡，平淡与从容，从来都在一起。应该珍惜真实的平淡生活，热爱常态的平淡生活，享受幸福的平淡生活。最美的人生，是那种蓦然回首一笑置之的淡然，享受平淡真水无香的坦然！

无论你经历过什么，都要努力让自己像杯白开水一样，沉淀、清澈。白开水并不是索然无味的，它是你想要变化的，所有味道的根本。绚烂也好，低迷也罢，总是要回归平淡，做一杯清澈的白开水，温柔的刚刚好。

以一朵花的姿态行走世间

要么旅行，要么读书，身体和灵魂，必须有一个在路上。人生，就是一段路，或长或短，或弯或直。要么，让身体硬朗地行走，要么，让灵魂高贵地云游。你能触及的，无论是身体还是灵魂，都是一种阅历。旅行，亲历各种不同的风景；读书，领悟各种不同的人生。只要在路上，光阴就不是虚掷，幸福就会光临。

鸟儿在天空飞过，谁说没有痕迹？

一掠而逝，划破天际，虽瞬间弥合，但天空已不是那个天空了。高飞振翅，虽不落羽毛，但翅膀又充满了一次力量。曾经有过，就如岁月的寒温燥湿，侵入你生命里、血脉中，任凭你怎么抹，也抹不去。

当然生活不是你去超市，想买你就买，反而更像是上了一条高速公路，不得不往前走，即使错了，也要等到下一个路口。这不是生活的全部，许多时候也有自己的生活主张，正所谓生活即选择。

在可支配的日子里，你选择行走，就是选择了人生的另一种状态。之所以说人生的另一种状态，是因为相对来说，人生还有另一种状态——蛰伏静守。你执着于书斋静读，阅尽书中沧桑事，感慨笔下锦绣文。如此这样，可以铸造你的内心，让其内在充盈、坚强。但行走天下，却是一场心灵的盛宴，它不仅让你内心得到异样的体验，而且得到体能的拓展。

古人云："读万卷书，行万里路。"强调的是知与行的统一。其实，大自然就是一本硕大无比的天书。你在其中行走，就有了学习与感悟的可能。因为一切"道"，无非是效"法"自然。那么敬畏自然，从大自然中寻求一份内心的滋养与丰盈，应是当下平复躁动、清泄戾气的最佳选择。若你从山的峻峭中，了悟到人生状态；从川的丰瘦中，感受到季节更替；从虫的哀鸣中，听到了生命的无奈；从鱼的畅游里，看到了生命的自在……月圆月缺，你读懂了悲欢离合；花开花落，你知道了宠辱不惊，那么，这就是行走赋予你的智慧。

将梦想装进行囊，去远方流浪，梦想会不经意地开出花朵；将烦恼装进行囊，去跋山涉水，烦恼会不经意地遁去身影。乡村的偏狭、城市的拥挤，身材的臃肿、体能的下降，天空的雾霾、生活的无奈，还有人与人之间的猜忌、倾轧……早已让你身心俱疲，那么到大自然中去走走，即使走得精疲力竭、瘦骨嶙峋，可你拥有了别样的人生，更有了一颗轻盈、舒展的心灵。

就如那些朝觐者，带着割不掉的烦恼，拖着难以治愈的病躯，长年累月地走着走着，竟神清气爽，身体康健了。这种脱胎换骨的奇迹，让人笃信菩萨显灵。可哪知能拯救自己的真正的佛，是自己。庙居深山，远离喧嚣，何等清静的环境；心无旁骛，信念执着，何等专一的心境；再加上徒步攀登，激浊扬清，行走得如此坚韧，怎能不蜕变曾经灰暗的人生？

人生苦乐相依，让身子养尊处优，心灵就一天天乏力霉变。只有用行走让肉体疲惫至极，内心才有快乐与舒泰。走出书斋，走向自然，到山的那边饮口清泉，到河的那边采朵睡莲，你领略了不一样风景，就有了不一样的内心体验与充盈。

处于顺境，走出去，你有李白似的"仰天大笑出门去，我辈岂是蓬蒿人"的得意；处于逆境，走出去，你有苏轼般的"竹杖芒鞋轻胜马，一蓑烟雨任平生"的豪迈。即使生活不是那种落崖惊风，但生活的柴米油盐酱醋茶已将你人生内存塞满得难以运行，那么，行走就是点击电脑的刷新系统，释放旧空间，唯如此才能装载新生活。

行走吧，去享受一场心灵的盛宴。

每个人被命运碾压的疼痛感是一样的，对生活的无可奈何也是一样的。所幸的是在我们每一个人独自在黑暗中行走时，你的隐忍，你的积极，你努力抵抗世界的姿态，都会成为一抹阳光，照亮自己的人生。只要清醒而不盲目，知足而不满足，你定能抵达你想去的地方。愿以一朵花的姿态行走世间，看得清世间繁杂却不在心中留下痕迹。花开成景，花落成诗。

静默开放，依旧芬芳

人生是一堂寓意丰富饱满的课，你可以细细品味，细细琢磨，却不可以来回学这一课程。做一个安静的人，于角落里自在开放，默默悦人，却始终不引起过分热闹的关注，保有独立而随意的品格，这就很好。向日葵看不到太阳也会开放，生活看不到希望也要坚持。

我喜欢花，尤其喜欢菊花。我家阳台原先就种着好几盆菊花，且一直都是由我打理。但自从我病了之后，许是无人照料，几盆菊花不知在什么时候都枯死了。反正当我发现时，它们就只剩下一截干枯枯的秆子了。也不怪，种在花盆里的花草没人打理是很容易就凋败枯死的。何况我这一病就是几年，几年里都没给花浇过一次水，松过一次土。

把那干枯的秆子拔掉，看着只剩土的花盆，我就想把花盆再种上花，当然还是菊花。可母亲却叫我别再种了，说我现在不比以前，我现在是一个病人。我听了不由失落，可再一想也是，可能今天种下去，明天我就又不得不要住院了。于是，那几个花盆就一直空着。

岁岁重阳，今又重阳，转眼又快到重阳节了。金秋十月，接连好多日都是秋高气爽的晴朗天气。然而这样的好天气，我却只能待在家里。的确，熬病的日子无疑是痛苦而又绝望的。母亲忧我每日锁在家里，就计划重阳节要带我到碧落山去走走。能外出走走我当然高兴，于是就开始期盼起重阳节的到来。

重阳节那天天空万里无云，显得特别的湛蓝，迎面吹来的秋风让人感觉凉爽而又惬意。迎着阵阵的秋风，我和母亲来到了久违的碧落山。站在山脚望去，长长的蜿蜒的山腰上随处都有正在攀登的游人。重阳登高祈求安康，这是中国人的传统习俗。我和母亲也开始登山，一路上母亲总是叫我累了就先停下来休息一会儿。可走在石阶上的我丝毫都不觉得累，况且碧落山本就不算很陡，很快我们就登上了山顶。站在山顶，阵阵清风迎面送来，让人感觉舒服清爽。登高望远，站在山顶上望去，顿时觉得心胸舒展开阔了许多。

熬着病，下山时我的脚步明显慢了。走到半山腰的小亭子时，母亲叫我休息。坐在凉凉的石凳上感受着徐徐的凉风，蓦然一股莫名的哀愁在我心中泛起。我不由举目四顾，离亭子不远的一棵亭亭如盖的松树让我定住了双眸。它独伫在斜坡之上，就在亭子边的一片绿黄相间的半人高的蒿草后过几米的地方。望上去，俨然有几分超俗孤高的味道。

望着望着，我不禁朝着那棵松树走去，走到了蒿草丛边。焦急的母亲喊我也喊不住，就跟在我的后面。我小心翼翼地走，手拨开草径直朝松树走去，当我走出蒿草丛时，我惊呆了。一片黄灿灿的小野菊花突然出现在了我的面前。小小的，黄黄的，一片花儿错落有致地铺陈在地上。每一朵花都是那么的小，比我以前家里花盆种的菊花的花朵要小得多，站着看我几乎看不清花瓣和花蕊。风儿拂过，带来一股淡淡的沁人心脾的菊香。我不禁蹲了下来，细看起一株菊花。圆形的花朵，外面有十几瓣的花瓣，中间是淡褐的花蕊。整个花朵被中指长的绿绿的细梗支撑着，梗的最底下挨着土的地方长着两片小小的绿叶。

"咦？这里长着一片小野菊花呀。"跟上来的母亲说。"你看这小野菊花多好看啊。"

"是啊。"我点点头。凝视着这片灿灿的菊黄，我突然黯然神伤。小野菊啊小野菊，你们为什么开在这里啊！在这山上默默地生长，静静地开放，最终悄悄地凋谢。想着想着，恍然我觉得自己就像一株小野菊花，默默地成长，默默地熬病，最后默默地离去。

"唉！这些小野菊花虽然漂亮，但开在这山间的角落又有什么意义呢？别人看不见，也不知道它们的存在。"我黯淡地叹道。

母亲也蹲了下来，蹲在了我的旁边。她凝望起花儿，沉默了片刻后，她侧着头笑着对我说："就算是别人看不见不知道它们的存在，小野菊还是这样灿烂地绽放着。它们并不在意别人看没看见知不知道，它们就只是这样自由地生长，自由地开放，然后又自然地回到大地的怀抱沉睡，等待下一个秋天再醒来。"我不禁一怔，因为我从未想到母亲能说出这样有深意的话来。诚然，每个人都是自己人生的主角，就如眼前这片小野菊花，它们不管外面的世界怎么样，而在这山间不知悄然开放了多少个秋天。其实外面的世界是无关紧要的，一味想外面的世界怎么样，还不如更多地去关注自己的人生。而人生是一趟决绝的旅程，不管是坎坷不平的崎路，还是一马平川的坦途，我们都要坚持走下去。

离开小野菊花的时候，我犹豫着想挖些小野菊花带回家里种到花盆里。但我最终没有，我想还是让那些小野菊花静静地开在这里吧，开在它们自己的秋天里。

钱离开人，废纸一张；人离开钱，废物一个。鹰，不需鼓掌，也在飞翔。小草，没人心疼，也在成长。做事不需人人都理解，只需尽心尽力。坚持，注定有孤独彷徨，质疑嘲笑，也都无妨。就算遍体鳞伤，也要撑起坚强，其实一世并不长，既然来了，就要活得漂亮！

放空自己，让思想裸奔一会

　　人真的不必逼自己去做不像自己的那种人，强大固然是好，但脆弱和柔软也没有什么过错。一个人不用活得像一支队伍，一个人只要活得像一个人就行了，有尊严，有追求，有梦想，也有软弱和颓废的时候。背负的太多，没等到击垮敌人，就先累死了自己！请学会放松。

　　中午路过银行，看到三三两两的年轻保安在大厦的一根根柱子下面，或靠着或坐着，每人手里一根香烟，旁边的马路上，是川流不息的车。他们在繁忙城市的这一刻，是静止的，不知为何，我竟从他们身上看到深深的颓废气质。

　　城市里人们都像打了鸡血一样，急匆匆地行走着、争斗着、愤怒着，城市不缺乏激情，但缺少颓废。城市里的男人不敢颓废，怕稍一懈怠就会被别人赶超，再无出人头地的机会。只是那几位保安，仿佛看透命运的安排，抓住无所事事的那点时间，享受一下当下的快乐。

　　我知道他们为何能吸引我的目光，因为20岁上下也曾是我最颓废的时刻。记得那时我在工厂工作，拿着极低的薪水，上班时间偷偷跑出去和工友打牌，困了累了在工厂的地面上躺倒就睡，喝醉了酒还会和更小的兄弟抱头痛哭……

　　现在回想起那时的日子，居然有淡淡的欣喜的感觉，细究起来，就是那种久违的颓废，为青春蒙上了一层苦涩的甜蜜味道。也明白那时为什么会喜欢郑智化了，他身上浓重的颓废味道，吻合了很多人的青春。怀念那时，正是因为现在没了悲观、无聊、懒散的机会，要当家里的顶梁柱，别的不说，总得在自己快上中学的孩子面前坚强起来吧。家有一个不思进取的老爸，还有比这更糟糕的事情么。

曾几何时，颓废的男人是深得女人青睐的。在20世纪八九十年代，身上带有这样气质的小青年，多是姑娘们心中的偶像。他们写诗，开着破摩托，打架斗殴，惹得身后的姑娘流泪，却赶也赶不走她们。

现在想来，是他们在禁锢的社会闯了出来，真实展现了男人的本性，这本性不见得美妙但却真实，在那个年代，真实就是最美的东西。

作家韩松落在微博里写过这样一件事。他有一位朋友，生活落魄，但出自他手的泥雕，件件都是艺术品，震惊之下他欲帮朋友将这些产品推向市场，但朋友却满脸惶恐，似有被陷害之意。韩松落从这个事情得到一个认识。颓废地活着可以是一个人的生活方式和权利，它有更宽广的含义，比如对贫穷的固守，对自我小天地的捍卫，自得其乐于随波逐流的生活。

如果你累了，请尝试一下偶尔颓废的生活，这会短暂地把肩上的重担轻轻卸下。没有人必须沉重地活着，选择这样的生活是男人的权利——你可以不用，但不等于它没有。这些年，"伪成功学"盛行，男人成了最大的被祸害对象。岂止是不敢颓废，男人不敢的事情太多，比如不敢失业，面对压力只能承受不敢反抗，只能上流不敢"下流"，只能上进不能后退……谁说男人不可以退？退是为了更好地进，只是很多男人、女人不明白这个道理，觉得男人只要上了套，就得像驴子一样一条道走到黑，直到这头驴子力有不逮轰然倒地。

最近，午休的时候会躲到广场角落里一个地方放空脑袋，什么也不想，很舒适，很自在，不知道，这算不算颓废。

如果累了，就拉上窗帘关上手机关掉闹钟深呼吸一口气钻进被窝，放空去睡觉。难熬的日子总需要更多精力。放空的心，是最好的礼物；独走的路，是最美的风景。

每一个生命都值得尊重

人生有尺，做人有度，我们掌控不了命运，却能掌控自己，不求生命辉煌，但求无悔人生。快乐是一种境界，幸福是一种追求。走过的路，才知道有短有长；经过的事，才知道有喜有伤；品过的人，才知道有真有假。什么都可以舍弃，但不可舍弃内心的真诚；什么都可以输掉，但不可输掉自己的良心。

[1]

时不时能看见他在那里翻捡垃圾。

不同于其他捡垃圾的人，他是个20多岁的年轻人，穿着干净，时常哼着小曲儿，背着一个干净的手提布袋。

时间一长，我发现了一个规律：他只拣外观干净整洁的塑料瓶，其余的一概不要。

后来听到小区里的老人们闲谈，说他是个高考落榜生，因为受不了刺激，精神有些失常；再加上父亲在他落榜之后也病逝了，家中只有一位老母，生活相当艰难。

一次，我去扔垃圾，恰遇他过来拣拾废品。边拣，嘴里边小声咕哝着：这个太脏，不要。这个行。拣好之后，他起身，利落地将布袋往肩上一挎，绝尘而去，那样飘逸。

那天，他恰好身着一件红色T恤，像一团滚动着的火苗。

我一路尾随他，来到一座矮小的砖房前，却见这座小房子打扫得一尘不染，院子的角落里整齐地码着一垛还未出卖的空饮料瓶，让我惊异的是：这些空瓶子竟然按照不同的牌子分类放在一起。

他把手中的袋子放下，进屋。小屋的床上躺着一位瘦弱的老年妇女。

他掏出一叠薄薄的钱递到这位妇女手里，随后又端起桌子上的水，喂给她，并且略显笨拙地叫了声妈。

母亲微微含笑，轻轻地抚了抚他的手臂……

以后的日子里，我还是时常在小区的垃圾桶前看见他，依旧整洁如初，依旧痴迷如初，好像忘记了什么，在努力回想。

我知道，不管他忘记了多少世事，有一样，他却从不曾忘过，那就是他的母亲。

[2]

一天，正在办公室翻看一本厚厚的资料，突然有个人推门就进来了。

进来之后，他也不说话，只是略带拘谨地看着我，然后从皱巴巴的裤兜里掏出一大堆零钱，摊在办公桌上。10元的、5元的、1元的，还有几张百元的大钞。

他开始费力地一张张地整理那些钱，身上还隐隐传来一阵长年不洗澡散发的味道。我惊愕之余，有些不快："你有什么事？"

他听见了，抬头看看我，加快了数钱的速度，依旧没说话。看样子，他是怕一说话，数错钱。

其实，那些钱并不多，大概就三五百块钱的样子。我正要请他出去，他却开口了："我想捐款。"

我又一次愕然。好半天，我才问他："你要给谁捐款？"

"给残联，残疾人。"

我明白了，我们这栋楼里有好多家单位，再加上刚搬进来，没有任何门牌指示，连物业服务人员都有些弄不清。文联残联一字之差，肯定是物业的工作人员给他指错了地方。我又说："这里是文联，不是残联。"

他听了，满脸羞红，一拐一拐地向外走去。

看见他的样子，心里一颤，连忙站起来随他走到门外，看见了立在门外的拐杖。

"捐款献爱心是好事，我带你去吧。"

话一出口，就觉得，这话好像不仅仅是说给这位捐款者，更像是说给自己听的。

[3]

人流熙攘的候机大厅里，一班飞往纽约的班机晚点了，一大堆外国人等在那里。

他盯着前面的那个外国老太太已经很久了，准确地说，是盯着老太太的小坤包已经很久了。

老太太弯腰在一个皮箱里找东西，小坤包滑落在背后也浑然不觉。他慢慢靠过去，刚要伸手。

老太太突然直起腰，转过身来。他惊出一身汗。

老太太却冲着他一笑，用手比画着指了指地下的皮箱，示意让他照看一下。还未等他有所反应，老太太已经向远处走去。

回味着老太太的微笑，他身上的冷汗渐渐干了，心里却觉得有一阵暖意慢慢升腾。

老太太回来了，用英语冲着他说了句谢谢，并送上一个灿烂的微笑。他听懂了这句英语，也读懂了老太太的笑容。

他从人群里出来，决定去外面晒晒太阳。

经过候机大厅的一张椅子时，他看到一个外国家庭，一家三口，坐在那里谈笑。男主人搭在椅背上的上衣滑下来，露出里面的钱包。

他快步走过去，拾起上衣，毫不犹豫地将它递给了那位男士。

惊觉之后的男士略带诧异地看了看他，接过去，也冲着他露出了一抹温暖的笑容。

他转身大步走到外面，和煦的阳光刹那间洒落在他身上。

俗世之中，每一朵生命都鲜美如初。所不同者，有一些生命，需要轻轻拂去岁月的微尘，才能显出他们当初动人的样子。

　　当一棵树不再炫耀自己叶繁枝茂，而是深深扎根泥土，它才真正地拥有深度。当一棵树不再攀比自己与天空的距离，而是强大自己的内径时，它才真正地拥有高度。树的生长需要深度和高度，人的成长同样需要深度和高度！当一个人不再是炫耀，而是照耀的时候，他的生命将变得真正的富有。

你是全世界的独一无二

　　你改变不了环境，但你可以改变自己；你改变不了事实，但你可以改变态度；你改变不了过去，但你可以改变现在；你不能控制他人，但你可以掌握自己；你不能预知明天，但你可以把握今天；你不可以样样顺利，但你可以事事尽心；你不能延长生命的长度，但你可以决定生命的宽度。

　　你不需要活在别人的认可里，快快乐乐地为自己活，潇潇洒洒地"自恋"，哪怕别人把自己当成"精神病患者"，你也要做一个快乐的人。

　　如果你追求的快乐是处处参照他人的模式，那么你的一生只能悲哀地活在他人的阴影里。事实上，人活在这个世上，并不一定要压倒他人，也不是为了他人而活，而是自我价值的实现以及对自我的珍惜。

　　一个人是否实现自我，并不在于他比别人优秀多少，而在于他在精神上能否得到幸福的满足。

　　我在一本杂志上看见过这样一个故事：玛利亚每天都在房前的空地上练习唱歌。一位邻居听了，冷笑着说："你即使练破了嗓子，也不会有人为你喝彩，因为你的声音实在太难听了。"

　　玛利亚听了并没有自卑或者生气，她回答："我知道，你所说的这番话，其他人也对我说过很多次，但我不在乎，我是为自己而活，不需要活在别人的认可里。我只知道我在唱歌的时候很快乐，所以无论你们怎么指责我的声音难听，都不会动摇我继续唱下去的决心。"

　　可是，在现实生活中，很多女孩却常常为了他人一句无意的嘲笑，或者因同事一次无心的抱怨而闷闷不乐，甚至开始彻底地怀疑自己、否定自己。

其实，这样的心态是不对的。

虽然我们有必要听取别人对自己的评价，但也不能过分在乎，否则，烦恼的是你自己，痛苦的也是你自己。

一个朋友发短信对我说："以前我很辛苦，因为我太在乎别人对自己的看法了，所以，我很多时候都想做得面面俱到，结果把自己弄得很辛苦。现在，我开始跟着感觉走，也能比较清楚地表达我的看法。我只是想活得轻松一些，不要那么辛苦。"

的确，一生为别人而活着是很累的，也很愚蠢。

艾莉诺·罗斯福说过："未经你的同意，没有人能使你感觉卑微。"

古希腊谚语也说："除了自己，没有人能够侮辱我们。"

我们每个人都不可能孤立地生活在这个世界上，很多知识和信息都来自别人的教育和环境的影响，但你怎样接受、理解是属于你个人的事情，这一切都要你自己去看待、去选择。

谁是最高仲裁者？不是别人，正是你自己！

歌德曾经说过："每个人都应该坚持走为自己开辟的道路，不被流言吓倒，不被他人的观点牵制。"让人人都对自己满意，这是不切实际的、应当及早放弃的期望。

如果你期望人人都对你感到满意，你必然会要求自己面面俱到。可是不论你怎么认真努力去适应他人，都无法做到完美无缺，让人人都满意。只有懂得享受自己的生活，不受别人的消极影响，不管别人如何评价你，你的生活才会是幸福的。

我们每个人都生活在自己所感知的现实中，别人对你的看法也许有一定的原因和道理，但不可能完全反映出你的本来面目和完整形象。

不管现实多么惨不忍睹，都要持之以恒地相信，这只是黎明前短暂的黑暗而已。不要惶恐眼前的难关迈不过去，不要担心此刻的付出没有回报，别再花时间等待天降好运。亲爱的，你自己才是自己的贵人。全世界就一个独一无二的你，请一定：真诚做人，努力做事！你想要的，岁月都会给你。

微笑，即使没有人看到

　　年轻时可以疯狂，就尽量疯狂，疯狂不只是玩得疯狂，更是对做事的疯狂，培养起一种认真的态度，要有一种执着的精神，做一个精彩的自己，跟着自己的直觉走，别怕失去，别怕失败，别怕路远，做了才有对错，经历才有回忆。

　　朋友小M给我讲过他的一段经历：三年前他刚工作，家里急需用钱。他找当时的部门领导借钱，领导只是简单问了几句，直接从个人账户转给了小M10万。一年之后，小M把之前借的钱还了。

　　还钱的时候，领导问他："知道我为什么愿意把钱借给你吗？"那时候的小M，刚入职三个月，还是基层职员。领导说："我有个女儿，她贴在卧室墙上的照片里有你。"

　　原来领导的女儿在大学期间，去特殊教育幼儿园做过几次义工。当时还在读书的小M是那个义工小分队的领队。小M每周组织活动，其他队员可以根据自己的时间不定期参加。领导的女儿去过5次，5张义工合影的照片上，都有小M。

　　领导说小M入职一周之后他就发现了，也跟女儿确认过，当时的领队就是小M。领导认为这个年轻人做了两年义工，没有向任何人"炫耀"，踏实又善良，人品和前途都不会差。

　　听小M说完，我想起另一件事。大学期间我在西安博物院做义务讲解员的时候，接待了几个从北京过来的游客。当时我只负责讲解两个展厅，带一批游客一般需要30到40分钟。那天带他们出来，两个小时都过去了。他们的问题很多，在每一件展品前面都要停留。

从展厅出来之后，大家在休息区休息，我坐下来聊了几句。他们一直夸我讲得细致又有耐心，虽然是义务讲解，比专业讲解员还尽职。

知道我学的是建筑设计之后，其中一位先生给了我一张名片："毕业之后如果来北京，到公司找我。"他是某建筑设计公司的设计总监。那时我大三，还没有想过毕业之后的事情。后来搬宿舍，那张名片也丢了，当然我也没有去北京。可当时在无意之间，为自己争取了一个机会。

同学面试一家地产公司，和HR相谈甚欢。临走时，HR说："有时候跟一个人喝一杯茶，就知道是不是想要找的人。你所做的每一件事、每一个动作、每一个眼神，都是你的名片。"

这位HR说得一点都不夸张，一个人是谁，并不是他的简历和名片上写了什么，而是他的所作所为。在旁观者眼中，你所做的每一件事，都有可能代表你这个人。

之前有一个很注重细节的教授级高工，他在学校面试研究生时，有一个学生穿着太邋遢，他直接对该学生说："既然你不重视这次面试，我们也不需要重视。不用面试了，你出去吧。"

仅因为细节否定一个人，也许有不恰当之处。但是做得更不恰当的是那个男孩，他用行为亲手在自己的名片上写了一个大大的"否"。

不管是在职场，还是在生活中，每个人都会用自己的观察来判断一个人。我觉得：一个能把最简单的工作耐心做好的实习生，交给他的事我就可以多一份安心；一个对待陌生人都客气礼貌的女孩，性格也一定不会差到哪儿去。

同样的道理，我不相信：一个在地铁上因为一句话就大吵大闹的女孩，有随时控制自己情绪的能力；一个在小事上谎话连篇的人，跟客户谈合作时能以诚相待。

总之，你所做的每一件事，好的坏的，都是你的名片。不要低估人们的判断力，认真对待自己正在做的事，也许你以为没人看到时，有人已经给你贴上了标签。或许这些标签很快随风而去，或许，这些标签会一直跟着你，决定你的去留。

有人说所谓教养就是细节，你的每一个动作，每一个笑容，都是你的教养。有人说打败爱情的是细节，你的每一次猜疑，每一次歇斯底里，都是在亲手埋葬你们的感情。

细节可以成就一个人，也可以否定一个人。不要惊讶一个人对你的肯定和信任，那都是你自己用认真努力争取来的。更不要埋怨别人用一件事否定你，只怪你给了别人否定你的机会。

传统文化中，君子讲究"慎独慎行"。做最好的自己，即使没有人看到的时候。你对生活认真，生活一定比任何人都清楚，它也一定会馈赠你想要的一切。

所以，出门带上笑脸，说不定谁会爱上你的笑容。

当你很累很累的时候，你应该闭上眼睛做深呼吸，告诉自己你应该坚持得住，不要这么轻易地否定自己，谁说你没有好的未来，关于明天的事后天才知道，在一切变好之前，我们总要经历一些不开心的日子，不要因为一点瑕疵而放弃一段坚持，即使没有人为你鼓掌，也要优雅的谢幕，感谢自己认真地付出。

沿着世界的边缘行走

　　每个人都会有一段异常艰难的时光，生活的窘迫，工作的失意，学业的压力，爱的惶惶不可终日。挺过来的，人生就会豁然开朗；挺不过来的，时间也会教会你怎么与它们握手言和，所以你都不必害怕的。

[1]

　　厌倦了都市的生活，有时真想躺在松软的泥土里，做一只蚯蚓。

　　或者一只蜗牛，在雨后的泥地上，慢慢爬。

　　人以其知觉自傲。但有的时候，我真希望我没有知觉，混沌如一只泥土里的蚯蚓。

　　世界太复杂了，我的头脑又太简单，根本无法应付。

　　索性没有头脑，像一个傻子，其实也挺好。

　　或者就如一棵树，最好是银杏树。在夏天，一棵雌性的银杏树，卵形的叶子间，果实累累，那该多么充实。

　　最好是站在月光下，用丰满的沉默，与月亮对语。

[2]

　　混沌。庄子对宇宙的看法。解析意味着死亡。

　　而世上，太多精明的人。精明的人，在毁灭这个世界。混沌者被放逐。

　　叶子长在身体里面，落满尘埃。雨落不到心里去，尘埃无法洗涤，多么着急。

衣服可以翻过来穿，人，要是能把自己翻个面，该变得多么干净。

[3]

雨水把树干浸湿。湿漉漉的树干，像一张浸透雨水的牛皮。
在雨中，我似乎听到树像牛一样发出"哞哞"的幸福的叫声。
而有着最完整的发音器官的我，却哑然无语。

[4]

我喜欢风吹过树梢。我喜欢竹叶在风中狂舞。风给这个世界带来激情，也带来宁静。实际上不只是风，还有从大地深处升起的一棵树，把大地最深处的寂静，带给人间。
砍伐一棵树，即是在砍伐来自大地最深处的那份宁静。

[5]

没有诗歌的时代里，人头上会长角。
我们忘掉了谦卑，直接以角相向。
人成了兽，鬼变得没有丝毫意义。

[6]

人生，越来越像一场假面舞会。而最可怕的是，我居然也混迹其中，但却是整个舞会上，为数不多的几个忘了戴上假面的人。

[7]

所谓白痴，就是大家都戴上假面的时候，你却素面朝天。有陀思妥耶夫斯基为证。

[8]

好久没有看见彩虹了。
好久没有看见萤火虫了。
好久没有看见银河了。
而最主要的是，好久没有看见就在对面的你了。

[9]

好多东西，沉没太久了。
把道义打捞上来。
把宽容打捞上来。
把善念打捞上来。
而最主要的是，把你自己打捞上来。

[10]

是因为我们自己坏，这个世界才坏。
是因为我们认为这个世界的坏与我们自己无关，所以我们才坏。

[11]

我们既是施暴者，又是受害者。

[12]

我知道我在走向死亡，但走向死亡的过程如此痛苦，我反而期盼快点
拥抱死神。

[13]

但花开了。满池的荷花开了。那是逗留在佛唇边的微笑，多么恬静的微笑，让我浑身战栗。

我不由自主地，放慢了脚步。

[14]

最凶暴与最温柔，最邪恶与最正义，最淫荡与最贞洁。人生就像钟摆，常常大幅度地震荡，你要有一颗强大的心脏。

很多时候，因为我们把这个世界想得太坏；另外的时候，我们又把这个世界想得太好。当我们把这个世界想得太坏的时候，它却呈现出非常美好的一面，让我们大吃一惊。当我们把这个世界想得美好的时候，它又突然呈现出狰狞的一面。这个世界喜欢跟我们开玩笑，你要有心理准备。

[15]

真想，被一滴突然滴落的松脂包裹，成为琥珀。我坐在世界的外边，我坐在时间的外边，继续打量这个不好不坏的世界，继续打量这悲欣交集的时间，那多好。

[16]

结晶。最完美的人生，或者句号。

人生那就是一场永不落幕的演出，我们每一个人都是演员，只不过，有的人顺从自己，有的人取悦观众。人生中许多事，只有经历过，苦过，痛过，才能真懂。人生就是一场漫长的自娱自乐。讨别人欢心只是小聪明，每天都能讨到自己的欢喜才算大智慧。

享受生活的琐碎时光

人生很短，不要蜷缩在一处阴影中。很多时候，跟自己过不去的，是我们自己。天涯太远，岁月静好，是一份心灵的交集。我们是如此的担心着未来可能会发生的事情，因此，忘记了慢下来享受现在。

人总期待着发生一些不寻常的事，像猫眼，永远在等待捕抓猎物的那一刻；我们的心中，不知从哪儿学来一种惯性，仿佛一定得把平静的空气搞得沸沸扬扬才有意思。

有时我觉得，我的心好像古代大宅院里住着的一些怕闲着没事干的妯娌，由于天下太平无事，深宅大院阴森森的空气闲得人发霉，于是想尽了办法要生风波，东打探西挑拨，让自己感到活着还有事做。

忙得直喘气的时候，才会想起，生命中有一些平静的琐碎时光，像浊水上的浮萍，点点青绿，使停滞的水泽多了点呼吸。

琐碎时光，像字字句句中的逗号。

从小我习惯于一种定律：无所事事是不道德的。这使我无法体会无所事事或者做点琐碎小事的美感，不做"正经事"使我有罪恶感。

我想很多人都有类似的经验，不想做什么事，却无法坦坦然然面对宁静，于是扭开电视，让声光影画无意识地占据。你不想看，也不想关。

"有声音总比没声音好。"一些保持着单身、独居生活的朋友这么解释回家后随手开电视的行为。

怕没声音，又害怕太会牵扯自己真实情绪的声音，老公吆喝老婆吵，孩子哭闹，对他们而言是会杀死美好人生的高分贝噪音。

滔滔说着国家大事、人生大计、工作宏图，却不知道，在某个没有应酬太早回家的夜里如何面对一室清幽，不知道在某个太阳狠毒的周日醒后，独自一人如何规划。

这也是我曾经面临的难题。心远志大，却为琐碎生活而愁容满面。

我曾经是一个工作狂。诊断工作狂最好的方法，就是看他是否害怕周末周日，是否在面对下班时有"不知所之"的彷徨。

不只是单身一族有这般苦恼，许多成了家的人，也染上了"恐惧周末症候群"和"下班忧郁症"。

很久以来，我并未觉察自己得了这种"病"。我认真工作，从不以加班为苦；即使回到家中，我也一样兢兢业业坐在电脑桌前，想要完成些什么；我会用忙碌的工作表来度过难以消化的情绪打击，用"我很忙"来推却某些"鸿门宴"式的饭局，以"没有时间啊对不起，改天吧"来推延某些结果必定会使我不悦的应酬。为什么我不敢说不？用"忙"才有扎实的理由说不！

"忙忙忙，忙是为了自己的理想还是不让别人失望？"这句歌词唱进了很多都市人的心里，我大概可以为它多加一个问句：忙忙忙，忙是为了遮掩痛苦的真相还是不让自己发慌？

从小我学过很多种技能，企图变得多才多艺，但并没有学过如何在独处时面对自己。

我们这一代几乎每个人不是在"食指浩繁"的家中长大，就是在从小哭了有人哄、做错事了有人骂中长大，很少人学到独处时不做什么、该怎么办。有些人活了几十年尚未"真正独处"过五分钟——独自看电视、看录像带、打电脑玩、看杂志或书打发时间不算。做以上事情时，人们的心多半匆匆忙忙，不过是想做些事打发时间、填补空虚而已，没办法享受琐碎时光中的美丽。

关于如何与自己相处，我还在学习。如果把它当一门课，我大概是资质最驽钝的学生。

我太急，太怕浪费时光，怕一事无成，于是好长一段时间，我用"忙"来浪费时光。

我开始学习享受宁静的时光、琐碎的小事。因为奥修说的一段话：活着，就是如此美妙的礼物，但是从来没有人告诉你要对存在感谢，相反的，每一个人都不高兴，都在抱怨。

原来我被制约了。我总觉得现在的样子不够好，还欠缺某些东西，我应该到某个地方去，成为某种人……

奥修说：我们自然的本能因此被转向，导入歧途。一朵金盏花急着想开出玫瑰花，除了挫折外只有紧张，稍微做少了点，就有自卑感。

我感到"五雷轰顶"一般，这么多年来，我如此努力，却不知自己是谁；我匆忙生活，正如喝咖啡时只想把咖啡喝完，并未享受过它的滋味；我走路时只想达到目的地，并不觉得我在走路。

我慢慢学习独处的奥秘。

当我发现"一个人的我依然会微笑"时，我才开始领会，生活是如此美妙的礼物。

喝一杯咖啡是享受，看一本书是享受，无事可做也是享受，生活本身就是享受，生命中的琐碎时光都是享受。

拥有独立的人格，懂得照顾好自己，在事情处理妥帖后能尽情享受生活，不常倾诉，因自己的苦难自己有能力消释，很少表现出攻击性，因内心强大而生出一种体恤式的温柔，不被廉价的言论和情感煽动，坚持自己的判断不后悔。愿你成为这样的人。

Part 02 情感篇
我若离去，后会无期

友情也好，爱情也罢。
我若离去，后会无期。

我若离去，后会无期

不是每个人，在你后悔以后都还能站在原地等你。不是每个人，都能在被伤过后可以选择忘记，既往不咎。我不好，但只有一个。珍惜也好，不珍惜也罢。如果哪天你把我弄丢了，我不再让你找到我。人的感情就像牙齿，掉了就没了，再装也是假的。友情也好，爱情也罢。我若离去，后会无期。

Z是我在鼓浪屿认识的一个女友。

她是土生土长的厦门人，用她的话说，睡觉没听到厦门的海浪声，都会失眠。于是，她快30岁了，从来没有离开过厦门，表示也从来不渴望外面的世界。

Z长得很秀气，一张娃娃脸配上齐刘海，眼睛不大但很明亮，笑起来，还有浅浅的酒窝。衣服总是很素、很宽松。第一次见到她时，我觉得她应该是从琼瑶小说里穿越过来的，而且应该有一个在她背后爱她爱得歇斯底里地咆哮的男友。

当然，我的YY总是没有如愿出现在现实生活中。Z的男朋友是个在厦门上学的一个大学生，比她小2岁，专业是画画。（男女主都很"琼瑶"，就差咆哮了。）这个男生就暂叫L君吧。因为我是旅游认识的Z，在厦门待的时间比较短暂，所以没有见到L君本尊。从照片上来看，是个很普通的男孩子，普通的长相，普通的身高，普通的穿着，连名字都普通到一百度就能出来上千页的那种。

L君常常到鼓浪屿来采风，Z家开一个甜品手工作坊，L君在她家吃了一盒曲奇饼和一杯咖啡后，居然没钱买单，然后跟Z说好，下次过来再把钱给她。我真不晓得L君这是真没钱，还是泡妞的手段之一。狗血的是，Z说，"要不你给我画一张素描吧，我就不要你钱了。"

然后，就在那个微风徐徐，日光和煦的下午，一个女孩坐在一堵爬满牵牛花的红墙边笑靥浅浅地看着对面涂涂擦擦的文艺少年。年轻的身体就像一颗饱满的玉米粒子，遇到光火的那一刹那，就成了喷香的爆米花。

Z在后来，回忆起那天的场景，跟我说，在当天L君进入她的店时，她就对这个男孩子有莫名的关注感，从来没有主动上去跟客人介绍食物的她那天居然主动走到了L君的面前，甚至亲自端咖啡给他。在L君吃东西的那段时间里，她沉睡了二十多年少女的"恶魔"之心一直在蠢蠢欲动，她希望他对她也有异样的感觉，她想设计一些小意外让他记住她，可惜安分的她丝毫没有恶作剧的天赋……渴望发生故事的Z，如愿以偿。"他给我的感觉说不上来，但却是别人都给不了，包括我的EX。"

Z家是世世代代做凤梨酥的，故而她也继承了家传手艺，凤梨酥做得非常地道，我便是因为凤梨酥和她结交的朋友。在鼓浪屿，有许多的点心手工作坊，他们常常会将工作台置于前厅，旅客们在购买的同时也能看到生产的过程。而Z姑娘很独特，她的凤梨酥在鼓浪屿卖，生产地却在厦门市区的家里，所以她每天只卖限量的凤梨酥。她做的凤梨酥，饼皮入口即化，内馅酥软又不甜腻，配上清茶和咖啡都是午后极佳的享受。她告诉过我，每次做凤梨酥时，她都会把自己关在厨房里，不喜欢别人打扰，也不要别人的帮忙，更不许别人旁观，只要有旁人在，她会觉得浑身不自然。从16岁到现在，这一习惯从来没有改变过。她所坚持的，外人难以动摇。

她和L君的恋爱谈了4年，从L君大一到大四。L君是个文艺的穷游者，经常在课余到处采风，他当然总是免费拿到各种凤梨酥当干粮。他邀请过Z一起去采风，她总是拒绝，后来也就不再邀请了。Z说，每个人有每个人的生活，我们都应该保持自己的习惯，即使两人谈恋爱，也不能改变原来的习惯，恋爱后自然会产生属于"两个人"的习惯，他们俩的习惯就是：他走时来她家带走一盒凤梨酥，他回来时会送给她一幅画，画中是他路过的风景以及早在他心中深印的她的样子，每一幅画，都很逼真，仿佛真的她当时就在那个景里。

L君和Z的恋爱，没有普通年轻人那种特别的浪漫方式或者轰轰烈烈的情节，反而更像是成熟男女的爱情。一个专心于学业，一个专心于凤梨酥，两人几乎没有过争执，Z说遇到烦恼他们会把对方当作那个"烦恼"大骂一场，"烦恼"一方说"对不起"，然后两人哈哈大笑，心情便恢复好了。而后，便是互相鼓励。

两人喜欢相处的方式，都是在海边走一走，Z说，因为他们都爱聊天，海岸线没有尽头，话题才不会被打断。这样平静、又正能量的爱情，我以为会是细水长流……

L君毕业后，曾经在厦门找过工作，但是并不理想。再加上他本身是北方人，家里催促回去，他和Z说，我们一起走吧。Z拒。L君说，我们去北京吧，在那里你的凤梨酥肯定会卖得很好的。Z拒。L君说，我想去北方了。Z说，好。

于是，就这样分手了。没有争吵，没有互相揭短、谩骂、埋怨。Z说，那一天，甚至她没有在他面前落泪，而L君也没有再多的要求。我一直在想，他们这样的结局，是不是因为彼此太过了解？

这次的"烦恼"，他们再也不能怒骂嬉笑来解决。

年轻时的爱情就像凤梨酥，饼皮酥化，一落便散，却要搭配粘牙的凤梨馅。这种组合是很美妙，但是一遇到风雨，必然会分离。

Z姑娘说了那一句"好"后，L君就离开了她家。两人连分手都没有说，也没说再见。L君就离开了厦门。

后来，L君有给Z发过他在北京的地址。Z没有回复。

我离开厦门已经有一年多了。2个月前，Z说她新创了一种凤梨酥的口味，要寄来帝都给我尝尝。

寄来的，一共两盒。两张便利贴，一张我的名字，一张L君的名字。属于L君的那张便利贴上还附着"注意安全"四个字，想必这也是属于"两人"的习惯吧。

我说，需要我拿给他吗？

Z：不用了。两盒你都吃。

我：你明明想给他……

Z：我已经开始新的生活，他恐怕也习惯了新的生活，互相不打扰比较好。那盒凤梨酥不过是我还遗留的比较顽强的难以改变的习惯。

那是我认识她这些时间以来，第一次听到她哽咽的声音。

然后，我吃了两盒凤梨酥。

很家常，很好吃。

我只是吃货，不是红娘，我是不会给L君偷偷送去的。何况，每段故事都值得尊重。

后来的爱情你知道了先保护自己，再也不敢那么肆意的不顾一切了。真正天长地久的爱情，过程很少是轰轰烈烈的，经得住平淡还依然不离不弃的人，才是对的人。爱情里最棒的心态就是：我的一切付出都是一场心甘情愿，我对此绝口不提。你若投桃报李，我会十分感激。你若无动于衷，我也不灰心丧气。直到有一天我不愿再这般爱你，那就让我们一别两宽，各生欢喜。

这段喑哑无言的
青春时光里，庆幸遇见你

　　从今天开始，每天微笑吧，世上除了生死，都是小事。不管遇到了什么烦心事，都不要自己为难自己；无论今天发生多么糟糕的事，都不应该感到悲伤。今天是你往后日子里最年轻的一天了，因为有明天，今天永远只是起跑线。快乐要有悲伤作陪，雨过应该就有天晴。如果雨后还是雨，如果忧伤之后还是忧伤，请让我们从容面对之后的离别。微笑地去寻找一个不可能出现的你！

[1]

　　班上的同学都在背后叫我"呆头鹅"。我无所谓，他们爱叫什么是他们的事，与我无关，就像我笑不笑，跟他们有什么关系呢？

　　我在班上没有朋友，一个班六十几号人，同学半年了，我几乎都没和他们说过话。

　　自从父母离婚后，不善言辞的我更习惯以沉默面对。我判给了母亲。父亲很快就再婚了，母亲成天在家哭哭啼啼。我弄不清楚大人的事，也不知道他们谁对谁错，只是听见母亲哭时，我会同情她，心里特别恨父亲。母亲后来经人介绍也再婚了，看着笑逐颜开的她，我觉得自己成了多余的人。

　　我严严实实地把自己包裹起来，对谁都以"冷淡"应对，那些怜悯的目光让我更加难堪和痛苦。我漠然的表情让人退避三舍，谁都不愿意来搭理我，我也不愿意融入别人的世界。可是，一次偶然，我却和班上一个外号叫"青花瓷"的女生熟悉了起来。

[2]

那天中午放学时，我在校园逛荡到吃午饭时间才出校门。我不想早早回家，不想看见家里因为我的回去而突然微妙地变得尴尬的气氛。

我骑着单车慢悠悠地穿行在树荫斑驳的街道上，已经过了下班高峰期，晌午阳光灼热的街上行人寥寥。我还沉浸于自己天马行空的思绪中时，突然听到有人在叫我的名字。一个急刹车，我单脚跨坐在单车上，四处张望。

"罗小宇，你能过来帮我个忙吗？"一个穿着米黄长裙的女生在叫我。我看了看她，感觉很面熟。"我们同班，你不会不认识我吧？我是池青花，大家叫我'青花瓷'。"女生落落大方。"哦"，我轻哼一句。"你快来帮帮我，我的单车脱链了，弄不回去。"她急切地说，可能因为我没什么反应吧，脸倏地涨红。

我停好单车，走到她身边，看了看倒在路旁的女式单车，找了根韧性好的木棍，三两下就帮她把车链条弄回去了。池青花在旁边感叹地说："你们男生就是厉害，我弄了好久都没弄好，你一会儿就搞定了。谢谢你呀！"

我依旧没说话，只是窘迫地想离开。单独面对一个女生，我有点慌乱。

"你为什么都不爱说话？在班上也不见你和同学交流。"她好奇地问我。

"车弄好了，我先走了。"说着，我转过身。

"我们一起回家吧！"她热情地说。

面对她的邀约，我不知如何拒绝，就扶着单车等她。

[3]

路上，池青花问了我很多问题，她的笑像迎面吹拂的风，让人感觉特别舒服，只是对视她的眼睛时，我又急急地把目光转开，心跳加速。

我从来没有和女生一起骑单车回家过，更不曾这样近距离与女生聊天。在她的询问下，我也不好一直沉默，时不时也会回应一声。

阳光透过树梢洒满一地跳跃的光斑，在我抬头看她时，有一束光正好落在她的脸上，闪烁着细瓷般的光泽，我一时看呆了。

"放学后，我们出黑板报，那几个没良心的，画好插图后就溜了……"池青花说。

看我没回应，她扭过头来："看什么呀，又发愣了。"

我朝她傻笑，她也笑了，乐呵呵地说："罗小宇，幸好遇见你，要不，我都不知怎么办。对了，你怎么也这么迟才回家呀，早放学了。"

"都一样，早回迟回……"我说，心里莫名生出一种想和她交流的欲望。

"你为什么那么爱笑？"我突兀地问。

池青花愣了一下，随后又露出灿烂的笑颜："笑有什么不好呢？多笑一笑，心情也开朗。"

在她的感染下，我也咧开嘴，唇角上扬。

"你笑的样子更帅哟！"池青花说。

她像一只无忧无虑的鸟儿，在晌午的阳光下，在凉爽的风中，自由飞翔。马尾辫摇摆着，像一面青春飞扬的旗帜。

[4]

这个溽热的夏天，一下子变得清凉起来。

池青花常主动找我说话，虽然我没什么反应，但漠然的表情也变得更生动了。这是池青花说的，她还说，她始终觉得，我笑的样子更帅。

我的同桌说，和池青花讲话，面对她笑盈盈的脸，心情也会变得舒畅。池青花热情洋溢，笑声飞扬，而且她的成绩很好，就连我们老师都说，如果班上多几个像池青花这样的学生，那么老师也会觉得自己的教学工作更有成就感。

以前我从来没有在意过任何人，紧闭心扉，沉溺在自己一个人的世界中，我找不到让自己快乐起来的理由。在和池青花渐渐熟悉起来后，我把自己的事情都告诉了她。

我不在乎她能否理解，但她能够聆听，我能够把压抑在心里很久的痛苦说出口，已经很满足了。

我说话时，池青花盯着我看，她的眼眶突然间就湿润了，她哽咽说："小宇，我从来都没有想过你居然正在承受着这么多的伤心事。原谅我，我以前也嘲笑过你，觉得你愣愣的，像'呆头鹅'……"

我连说没关系，那些压抑在心底的话说出来后，顿时感觉轻松了。

[5]

池青花对我比以前更好了。

有一次，班上一个同学好奇地问她干吗对我那么好？我装作毫不在意，却是屏住呼吸仔细听。

"大家都是同学，为什么不能对他好？"

"那个'呆头鹅'笨头笨脑的，一点都不好玩。"

"你又不了解他，怎么可以下定论？罗小宇其实和大家一样，你多了解就知道了，他一点都不呆，而且人很好。"池青花说。

她根本不知道我就站在教室外，她们的对话清楚地传到我的耳中，瞬间温暖了我的心。

我很珍惜与池青花的友谊。我感觉得到，她在努力帮助我融入班集体，努力说服班上的同学不要对我"另眼相待"。

后来，她还主动调来和我同桌，帮助我学习。

[6]

池青花曾给我写过一封信。

她在信中说：当别人用微笑相迎时，我们怎能不回报以更灿烂的笑容？父母的人生终究是他们的，他们有权利做出自己想要的选择，作为子女，我们有我们应尽的义务。好久没和你父母交流了吧，找个时间，好好和他们谈谈，也请给他们新的另一半一个机会，可能他们并不像你想的那么难相处。千万不要用"沉沦"的方式折磨自己，折磨父母，其实最终毁掉的却是我们自己的人生。快乐是自己的，没有人能抢走……

在这段喑哑无言的青春时光里，我很庆幸自己遇见了池青花，她是一个青花瓷般高洁的女生，她爱笑，笑声脆脆的，带有暖暖的气息。她的快乐感染了我，并且把我拉出了张皇沉默的烂泥潭。

只是因为太年轻，所以所有的悲伤和快乐都显得那么深刻，轻轻一碰就惊天动地，总有一天你的棱角会被世界磨平，不再为一点小事伤心动怒，也不再为一些小人愤愤不平。你会拔掉身上的刺，你会学着对讨厌的人微笑，变得波澜不惊，你会变成一个不动声色的人。

真正的爱还有善意和安置

爱与不爱，其实没有任何理由，爱情一旦依附太多的理由，就会成为一种负担，一种痛苦。世界没有那么好，也并不是那么糟，我们要做的，只不过是在环境允许的情况下，善意地对所有人。在环境不允许的情况下，保护好自己真正在意的人。

一凡是我最难忘的朋友，只是，在她28岁的时候，上天就把她从我们身边带走了。

如果你认识她，或许会和我一样喜欢她。

她是个既安静又开朗的姑娘，言语恰到好处，有她在，既不会觉得聒噪，也不会感到冷场。她周到地照顾着每个人的情绪，也能委婉地表达自己的观点。她散发着温和的光彩，从不灼痛别人的世界。

就是这么一个姑娘，28岁之前，她都是幸运的。

从重点小学、初中、高中毕业，顺利考上重点大学；大学里和高高帅帅的学长恋爱，毕业后嫁给他；工作地点距离父母的住所只有20分钟步行路程，中午可以悠闲地回到从小生活的地方吃饭、午休；生了个好看的女儿，被外公外婆视若珍宝抢着带，自己也没有变成臃肿的新手妈妈；工作体面平顺，按部就班地晋升，由于处事大方得体，同事关系也融洽，是个被领导器重的中层干部。

生活如果看起来美好得像假的，那十有八九就是假的，或者，命运会在最出其不意的时候来个反转，刷刷存在感。

我还记得那是某个夏天的傍晚，一凡头一回没有事先打电话就直接到我的办公室，我忙着手里的活，她坐在我身边的椅子上呆呆地咬着指甲，等我忙完，她惨淡地笑着，眼神愣愣地说："我得癌症了。"

［卵巢恶性肿瘤］

这是一种早期很难被发现的女性重症，除了遗传性卵巢癌，没有多少可行的预防措施，只能早诊早治，争取早期发现病变。

可是，一凡发现的时候，已经不早了。

我怀疑上天预先知道她的人生结局，才安排了好得不真实的这28年，然后海啸般吞噬一切，只留下光秃秃的沙滩，像是对她幸运人生的最大嘲讽。

那天，我和我认识了20年的姑娘——我的发小一凡，在我们走过了无数次的林荫路上来来回回地踱步，我拉着她冰冷的手，努力不在她面前流泪。

突然，她停下来，轻声对我说："别告诉任何人，我已经这样了，我父母、老公、女儿还得继续生活，让我想想，怎么才能安顿好他们。"

她抱抱我，转身回家。第一次，她没有嘻嘻哈哈地挥手向我告别，而是头也不回地走远。我看着她的背影完全消失，才蹲在地上放声大哭。

每天，我都装作若无其事地给她打个电话，她的语气日渐轻松。半个月后，她在电话里说："我解决好了，咱们中午一起吃饭吧。"

在她最喜欢的菜馆，她小口地喝着冬瓜薏米煲龙骨汤，我不催，她愿意说什么，愿意什么时候说，随她。

"我先和老公说的。我给他看了病历，对他说，老公啊，我陪不了你一辈子啦，你以后可得找个人接替我好好疼你呦。

"女儿太小，你父母年纪大，又在外地，今后你独自带着小姑娘，大人小孩都受罪。我父母年纪适中，女儿又是他们一手带大的，你要是同意，今后还让他们带着，老人有个伴儿，你也不至于负担太重，能匀出精力工作、生活。

"咱们两套房子，我想趁我还能动，把现在住的这套过户给我父母，一来，给他们养老；二来，如果他们用不上就算提前给女儿的嫁妆。如果你不介意，把我那一半存款存到女儿户头上，算她的教育基金。另外那套新房子，你留着今后结婚用，你肯定能找个比我更好的姑娘，得住在和过去没有半点关系的新房子里才对得住人家。"

我问："他怎么说？"

一凡放下汤勺："他没听完就快疯了，说我胡扯，让我先去把病看好。可是我知道根本看不好。

"我想让老公没有负担地开始新生活，他那么年轻，不能也不值得沉没在我这段生活里；我想给女儿有爱和保障的未来，不想她爸爸凄凄惨惨地带着她，也不想让她面临父亲再婚和继母关系的考验，那样既难为孩子也难为她爸爸；我还想给父母老有所依的晚年，他们只有我一个女儿，两人还不到60岁，带着外孙女好歹有个寄托，他们还算是有知识的老人，孩子的教育我不担心。

"我不想为难人性，更不想用最亲爱的人今后的命运考验爱情的忠贞，或者亲情的浓稠。我只希望在我活着的时候，在我力所能及的条件下，把每个我爱的人安置妥当。生活是用来享受的，而不是拿来考验的。

"我和老公讲道理，他最后同意了，他明天送我去住院，然后，我们一起把这事儿告诉我父母，这是我们小家庭商量后的决定。"

[半年后，一凡去世了]

就像她生前安排的那样，女儿在外公外婆家附近上幼儿园，维持着原先的生活环境，老公每天晚上回岳父岳母家看女儿，也常常在那儿住。他们的关系不像女婿和岳父母，倒像儿子和父母亲。

两年以后，她的老公恋爱了，对方是个善良知礼的姑娘，另外那套房子成为他们的新居，婚礼上，除了男方女方的父母，一凡的父母和女儿也受邀出席。

因为无须在一起近距离生活，所以大家几乎没有矛盾，女儿也喜欢漂亮的新妈妈，每年清明，大家一起给一凡送花儿。

在一个原本凄惨的故事里，每个人都有了最好的归宿。

每个人都因为一凡的爱而幸福安好，这才是真正的爱情，以及亲情——不只有激情，不仅是索取，不光为自己，还有对他人的善意与安置。

曾经，我以为爱情里最重要的事是"爱"本身，一凡让我明白，"爱"本身不难，难的是许对方一个看得见的未来，爱情里最重要的事，是我知道自己会离去，却依旧要照顾好你，给你一个妥帖的未来。

这才是一个女人柔韧的坚强、宽阔的善良，以及无私的爱。

多微笑，做一个开朗热忱的女人；多打扮，做一个美丽优雅的女人；多倾听，做一个温柔善意的女人，多看书，做一个淡定内涵的女人；多思考，做一个聪慧冷静的女人。修养，是灵魂深处的东西，时间冲刷不走，不奢望世界一切都变得美好，但尽力把自己变得真诚，尽管饱尝了世间冷暖，依然要用善意耕耘着自己的真诚，默守着自己的善良。

那些因为你而变得内心柔软的青春

为什么暗恋那么好。因为暗恋从来不会失恋，你一笑我高兴很多天，你一句话我记得好多年。暗恋撑到了最后，都变成了自恋。那个对象只不过是一个躯壳，灵魂其实是我们自己塑造出的神。明白这件事之后我突然一阵失落。原来我害怕的，根本不是你从未喜欢我，而是总有一天，我也会不再喜欢你。

他喜欢她。

初一时他和她一个班，教外语的老师有些严厉。他的成绩还不错，只是英语一向不怎么好，有时候错得多了，那个有些胖胖的外语老师便会板起脸训他。一次，一个讲了几遍的句型他又错了，外语老师急得用手揪了揪他的脸，恨铁不成钢地训他。疼倒不疼，只是当时班上同学哄笑起来，最后他自己也有些不好意思地低下了头。

几天之后，她成了他的新同桌。

她是英语课代表，一次收作业的时候，她无意间瞟到他的作业本，突然轻轻地笑了起来：你这题又错了，怎么，你还想让老师再拧一次你的脸呀？

他抬头，看到她不怀好意的笑。她的嘴边有一个小小的梨涡，笑的时候，梨涡一漾一漾，他的心，突然就跟着莫名其妙地柔软起来。

末了，她说：这样吧！下次你再错，我让我妈轻点儿，怎么样？

他才明白，她是外语老师的女儿。看着他的窘样，她又开始笑，像一个恶作剧得逞了的小孩子一样。

初三以后，她和他都被分到了快班，那时候，她是第一名，他是第十名。在她的要求下，她和他还是同桌。

她并不是一个乖乖女，这点他在成为她同桌之后深有体会。

他知道她的每一个小细节。她上课时不爱听讲，喜欢躲在高高的书堆下面做自己的事，例如花一节课的时间研究怎么折出好看的树叶形状的信纸，拿着彩色铅笔临摹好看的插画，或者写一些不知所云的文字，抒发心情。

到最后，她往往会把那些小东西扔给他，有时候是一只橡皮泥捏的憨态可掬的小猪，有时候是一张明信片，甚至有一次她折了九只颜色不一的千纸鹤，也一并递给了他。

他总是默默收下这些小东西，即使在后来越来越多的试卷和资料把他的书桌围得水泄不通的时候，书桌角落里安安静静地放着的，也还是这些她送给他的小玩意儿。

快到中考的时候，时间变得越发紧张。她的数学成绩开始莫名其妙地下降。她心里着急，也开始把心思慢慢放在学习上，但是不知怎么的，越是努力，试卷上的分数愈加刺眼。

他第一次看到她哭，是在一堂数学课上。当着全班同学的面，数学老师狠狠地训斥了她。只不过是一件小事，她却哭得像是受了很大的委屈一般。往日熟悉的调皮全部不见了，嘴角的梨涡也委屈地藏了起来。看着她哭，他心里也变得皱皱的。

好在，她的情绪来得快去得也快，不到几分钟，她就转移了注意力，被前面男生的一个笑话逗得哈哈大笑。他在心里笑她：真是小孩子！

这样的孩子气在后来的时光里他还见过很多次，每一次，都毫无例外地勾起了他的情绪，只是这种情绪很淡，不张扬，像一只悄悄掠过心头的蝶。

中考成绩下来以后，他和她有惊无险地考上市重点，只是不在同班。最初她碰见他，还会一脸欣喜地跟他打招呼，平安夜的时候，她甚至会在他抽屉里塞一个苹果。

一起的男同学都坏笑着开她和他的玩笑，他也不去计较，能和自己喜欢的女孩子做一回绯闻中的男女主角是一件多么快乐的事，他舍不得否认。只是这些话，他不敢说。有时候那些男生闹得过了，他也会凶巴巴地反驳，生怕这些话被她听到。

他和她隔三个教室，他的教室在走廊头，挨着大厅，而她的教室在走廊尾，隔壁是男厕所。有时候下课，经过她的教室，他也只是在快要走到门口的时候装作无意地扫一眼，希望看到她又怕碰见她的目光。

他知道她坐的位子，甚至摸清楚了那个古怪的班主任换位子的习惯。他写过很多贺卡，每个节日都会写，贺卡上只是寥寥数语，虽然这些贺卡最后都没有送出。他还有一本日记，日记本上多是一些琐事，或多或少和她有关。

时光一直有一双神奇的手。

再后来，他的学业越来越紧张，了解到关于她的事越来越少，她也不再来班上找他玩。再一年的平安夜，他的抽屉里也没有多出一个苹果。路上遇见了，她只会朝他礼貌地打招呼。

她身边出现了一个男生，他看得出她喜欢他。因为每一次，她总是欢呼雀跃着朝他奔过去，像一只灵动的小鸟。几年了，她还是一点儿没变，什么心思都藏不住，她仍旧笑，一张脸因为某种奇异的喜悦而变得更加生动。

他遇见过他们很多次，不过她很少注意到，因为每次他只会默默地跟在他们后面。他的书桌里，还留着当年她送给他的小玩意儿。

他到底也说不上来，那种感觉是什么，只是觉得有些酸，还有些苦。

大学通知书到了之后，他坐上了去北方春城的火车，而她，选择了那个男孩子所在的城市。窗外是一片惬意的绿，他心里的苦闷，随着不断退后的风景，渐渐消散了一些，到最后，竟只剩一丝怅惘。

他突然想起来，她曾经问过他：你是在几岁的时候有了自己的初恋？

当时她正翻着一本明星杂志，她看着他最喜欢的刘德华。一篇采访里，刘德华说在十四岁那年遇见了第一个喜欢的女孩子，于是她便随口问他。

他摇头：我还没有。

她坏笑着无理取闹：凭什么呀？你的偶像十四岁有了初恋，所以你的初恋也是十四岁。

他被闹得无可奈何，于是随口说道："好吧好吧，我招了，我的初恋是十三岁。"

十三岁那年，他读初一。

很多年以后，他回忆起她，发现她其实没有当初想象的那样完美。她任性，还有点儿蛮不讲理；她爱哭，常常因为一件小事不顺心而掉眼泪；她喧闹，总喜欢叽叽喳喳地说话……

只是他永远都无法忘记这种感觉，在他隐秘的十三岁，这个有着小小梨涡的女生住进过他的心，她的喜悲像一条无形的绳索牵动了他的情绪，点缀了他并不张扬的青春。

他最好的暗恋，都留给了时光。这枚不曾开过花的果子，伴随着他心里的一声叹息，落入时光的洪流中，打了一个小小的旋儿，再不见踪影……

小时候比现在勇敢：跟同桌吵架可用一块糖和好，被亲爹揍得喊娘一拿到零花钱就笑，暗恋的男生想追班花还大方地帮他写情书，失恋了考砸了毕个业所有人都走了就哭一鼻子没什么大不了。可现在做不到：再没办法相信伤害过自己的人，再承受不起任何形式的离开，连哭都哭得没底气，怕吵醒人。

爱你，是我做过最好的一件事

不能一直踮着脚尖爱一个人，重心会不稳，撑不了多久。身疲心累。其实，我们只是想找一个谈得来、合脾性，在一起舒坦、分开久了有点想念，安静久了想闹腾一下，吵架了又立马会后悔认输的人。某年某月某日，我看了你一眼，并不深刻。怎知日子一久，你就三三两两懒懒幽幽，停在我心上。相信我们前世有约，于是今生我便遇见了你。而我，也再也不会离开你。

初中时候，我们是同班同学，我曾把一封情书夹在书中交给她。那是一个星期五，全班大扫除，我擦玻璃，她扫地。两天之后，她给我写了一封长信，厚厚几页。我颤巍巍地躲进男厕所，小心翼翼地打开，但看了不到两行，就难过地将信投进了厕池，按下冲水按钮。她的第一句是：我觉得我们年纪还小。恋爱后她告诉我，其实那封信后面写的是：我对你有好感，但是，能不能等我们毕业之后再恋爱呢？

高中的时候，我们分隔两所学校，并没有什么联系，高三时，她突然焦急地打电话给我，要找一份我们学校的政治复习资料，我装作文科班的学生走进了学校的图书馆，和管理员老师说，我是文科10班的学生，我的资料丢了，能不能再买一份？于是顺利到手。

临近高考，她通过手机短信约我去崇文图书馆学习。我记得尤其清楚，时节还未入春，我蹲在胡同的公共厕所里，一字一句地斟酌着如何回复，反反复复、删删改改。在图书馆见面的时候我才知道，她因为肺炎休学将近一年时间，并且没有选择重读。于是，我在自习室里给她讲数学题，又把讲过的题目按照解题步骤一字一句地写出来，催促她回家复习。我清楚地记得，当时崇文图书馆正在举办计划生育系列宣传活动，一位大妈走到我们跟前，将宣传单交给我们学习，上面赫然写着五个大字：只生一个好。

高考之后，我们和很多人一样，阴差阳错地恋爱了。她一直骄傲着，不肯承认是她首先抛出的橄榄枝。我的记忆中，事情是这样的，她给我发来了一条短信，想问我一个问题：A和B认识很多年，彼此有好感，但没有在一起，怎么办呢？我虽然脑子笨，但似乎嗅到了一些端倪，于是傻了吧唧地竟然给她的闺蜜打电话，问到底发生了什么。但不管如何，高考后的那个假期，我和她去逛了未来的大学校园，我们相隔并不遥远。去参观她学校的文科楼时，看门的阿姨不让我进，她说我是她的行李，就是没有拉杆。

我们第一次牵手是在王府井大街的FAB音像店。当我们逛到"人迹罕至"的国产DVD售卖区，我主动牵上了她的手。然后我们去了王府井的肯德基，她是个大大咧咧的姑娘，阴差阳错，把可乐洒了一身。去卫生间擦衣服的时候，一个小女孩和她说：姐姐，没事的，我也洒过。

我和父亲说，我谈恋爱了。父亲没说什么，只是问我是谁，然后点点头，嘱咐我好好学习。她和母亲坦白我们的关系时，我们站在首师大第二校区门口的公交车站上，迎着呼啸而过的汽车，我握紧拳头，屏住呼吸。

我送给她的第一个生日礼物是一条项链。那是我吃了多半个月的馒头和炒青菜，攒下钱和哥们儿去地安门商场买的。那条项链是柜台上一排两百元特价商品中的一个。实际上，四尺见方的首饰柜台，我和哥们儿一起足足转悠了半个多小时，最终摸了摸钱包，叹了口气，发誓今后有了钱，再也不给她买特价商品了。

入冬的一天，我送她回家，在小区里我们两眼相望，口中冒着白气，准备结束彼此的初吻。这个时候，一辆大卡车轰隆隆地开过，停在我们面前，灯光刺眼，从车上跳下来七八个年轻的小伙子，准备卸货。

那时候我没有什么钱，省吃俭用攒了一点儿，加上凶猛地砍价，才给她买了九朵玫瑰花。那天是她军训前在学校的最后一晚，下着雨，她穿着军装下楼看我。我想拥抱她。她怕同学看到，不敢和我在楼前拥抱，于是我遮上了厚厚的雨伞。

某天下雪，她下课很晚，我买了一个肯德基套餐在门口等她。她的胃不好，我就把套餐塞进了自己的棉袄里，怕她吃凉的。但其实并不浪漫，很多年后她才偷偷和我坦白："其实呢，当时脑子里除了感动，我还有一个莫名其妙的想法——这位同学，你洗澡了吗？"唔，也是一次大雪天，我在魏公村的天桥上把她抱在怀里。她拍拍我的肩膀说："挺冷的，要不咱们赶紧走吧。"

大学时我过得并不如意，也不喜欢自己的专业，终于决定考研。一年的考研时光里，我经常失眠，脾气变得很坏，她却一直默默地容忍。考研前一天的傍晚，因为心理上的崩溃，我决定放弃，她打电话给我，彼此长谈了一个小时，我则在电话里大哭一场。最终，我听从了她的话，准备参加考试。大约是命运青睐，我被顺利录取。我至今记得她对我说，改变你能改变的，适应你不能改变的。生活就是这样。

在我还有点儿文学理想的时候，投过几次稿，还曾被一个编辑在"编者按"中用嘲笑的语气讽刺了"某些莫名其妙的投稿人"。那时候我很不开心，有一种壮志未酬的悲壮感，悔恨自己竟不能在中国诗歌史上留下点儿什么。后来听朋友说，她一个人跑到邮局，为我抄下了很多杂志社的地址和联系方式。

我为她写了很多诗歌，机缘巧合，其中一首被朋友谱成了一首歌，叫作《给郁结的诗》。里面第一句歌词是："我站在未完工的两广路上喊你的名字，除你之外我对眼前的整个城市一无所知。"很久之后，有人问我，未完工的两广路是什么样子呢？望着眼前停车场一般的拥挤街道，我突然不知道怎么回答，但并不惋惜，因为那些画面与片段，我们两个人一直存放在心里。

后来，我并没有走上文学青年的"不归路"，转而读了博士。我没什么钱，屋子里摆满了同样不值什么钱的书，东一摞西一摞。她从来没有埋怨过我，她说，不管你什么样，我都跟定你了。我觉得很亏欠她。某年暑假，我第一次在外面兼职教英语，赚了几万块钱，一路小跑去找她。连续一个月，每天十一个小时的工作后，我的嗓子早已失声，只好抱着她傻乐。

我们曾经设想过很多结婚的事情，我开玩笑说，不如结婚那天，我用自行车驮你吧。她恶狠狠地看着我，谁爱和你结你去找谁吧！有时候，我们的生活和动画片一样，起伏跌宕，她总把我说成反面的角色。她还喜欢阴险地点评别人的婚礼，然后和我总结经验。

她已通过可恶的司法考试，拿到律师证；我回到母校教书，整日读读写写。我不知道我们的未来会是什么样，我们会居住在什么地方，我们的孩子会叫什么名字。

某天，她跑过来胳肢我，问我，痒吗？我说，痒。她说，我们快要进入第七年啦。于是我们无比恐惧地看着彼此。七年之间，我们的恋爱渐渐从相识时的怦然心动，变成了不知不觉间的温暖，并且这种温暖，也会不知不觉被我们忽略，甚至变成难以免俗的平淡和偶尔的争吵。昨日，我走在台北市北投区的温泉街上，丢了一部手机。在那条小街上，我寻找了两个小时，之后半夜拉着中国台湾的朋友去警察局报案，做笔录到凌晨三点。我大大咧咧得令人发指，光去年就丢了四部手机，以至于朋友不解我为什么单单为了这一部手机如此难过。我告诉他，那部手机是女友送我的生日礼物。里面有我们一起吃大餐、看电影、逛商场时的很多照片，也有我们无数个互道晚安的短信。每当想起这些，我就忍不住后悔得扇自己嘴巴。

我在街上发疯似的寻找，却没有得到一点儿消息。半夜两点，她担心我睡不着，还在网络上等我，安慰我不过是一部手机而已。我也终于忍不住眼里的泪水，将实话向她和盘托出：

其实，你知道吗，我多么希望，那时候，你会从北京的家里，瞬间来到台北的大街上，绕过遛狗的大叔、卖水果的欧巴桑、雾气腾腾的温泉，一直走向我，微笑地看着满头大汗的我。如果这样，我一定很不像个男人，跑过去抱住你，孩子一样地痛哭。我们恋爱七年了，日子平淡得让我们对爱情甚至不知所措了。谢谢这部丢失的手机，让我无比清晰地明白了，其实我是多么在意我们一起走过的路，在意我对你每个表情的收藏。

我为失去这些过去的瞬间感到难过，失去你的笑容，就像我没有让你快乐过一样难过。郁结，唯一让我感到欣慰的是，十天之后，我回到北京，看见下班之后，在公共汽车站等车的你。我一定要绕过买菜回家的大妈，绕过地下道卖唱的青年，绕过西装革履的白领，冲过去抱住你。

　　然后挠挠头，冒着傻气告诉你："郁结，我好久没说了，我爱你。"

　　有一天你会明白，你需要的不是轰轰烈烈的爱情，只是想要一个不会离开你的人。冷的时候他会给你一件外套，胃疼时会给你一杯热水，难过时他会给你一个拥抱，就这么一直陪在你身边。不是整天多爱多爱，而是认真的一句：在一起，不离开。

想要告诉你，我爱你

妈妈也会想妈妈，爸爸也会变老，再坚强的人也会脆弱无助，我们要抓紧时间爱他们。能不吵架的时候别吵架，别连一句我走了都无法回复他，相聚不过短暂时间，别吵着度过。如果有一天，当爸爸妈妈站也站不稳，走也走不动的时候，请你紧紧握住他们的手，陪他们慢慢地走——就像，当年他们牵着你一样。

[1]

小时候，我挺敬畏妈妈的，她是严母。在青春期时，我和母亲碰撞得很厉害。我妈不能原谅我的早恋，她认为我耽误学习，而且让家庭蒙羞。最主要的原因，我日后才理解，她其实是怕我受伤害。

高二那年，我过了一个有史以来最悲惨的年。男朋友跟他父母去了老家看奶奶，临走时牵着我的手，百般不放心，说，不要跟你妈妈吵架，我只去5天就回来，你乖乖的啊！

坏情况还是出现了。不记得是什么由头，只晓得母亲很严厉地骂我。那种羞辱感让我直接离家出走，口袋里就两块钱和一张身份证。年初一的早上，我走在寒风中，孤立无援，哭得泪都结冰了。走遍整个城市，大约不停地走了10个钟头，我又累又饿又乏，就去了男朋友的宿舍。

我在他的床上流泪，内心一直呼唤着要他快回来。我怕等5天过后他回来，我都成干尸了。我迷迷糊糊地睡了又醒醒了又睡地过了3天，不吃饭、不喝水，人到最后都快冻成冰了。真快不行了，我趁最后一点力气，还是厚着脸皮回去了。对我来说，生存的渴望已经远远超过了自尊。进门以后，我都打算摆出一副死尸的架势，无论我娘说什么我只当没听见。出乎意料，我一进门，我妈就抱着我使劲地哭，说你怎么这么傻？我叫你滚你就滚！你知不知道妈妈急死了？以后可不能这样了。

我的泪都流干了，那一刻却忍不住又哭。妈妈忙着端热饭，看我吃，边吃边给我梳几天不梳的头发。然后安排我睡觉，等我睡醒了，就躺在我床上搂着我说："妈妈脾气不好，你要原谅妈妈。你怎么这么傻呢？一个女孩子，你能去哪里？要是碰到坏人怎么办？你这不是要妈妈的命吗？"

[2]

那次出走，妈妈久违地抱了我，让我知道她是如此爱我，害怕失去我。只是我俩都将爱掩藏着不表露，而将怨恨公布无遗。于是我想，为什么相爱的人，不告诉对方自己心中的爱呢？

我是很大了以后，才体会到母亲对我的重要。知道这世界，谁都会抛弃你，而母亲始终会张开双臂接纳你，等你回家。

大二时，母亲的预言终于应验。相恋多年的男友不要我了。

我内心很害怕，分手后很长时间都独自承受，不敢告诉母亲我孤单了。我是怕她用她一贯嘲讽的语气对我说："我早知道如此。"

是母亲看出来的。她向来敏感，步步紧逼下，不让我还没成型的谎言出口。我招了，招得很痛苦。我骄傲的自尊心被母亲剥离得如风化的岩石一般片片脱落，最终哭成一团。我没期望母亲给我什么好话，骂就骂吧，也许一顿恶骂能叫我从不忍分离中清醒，进而彻底离开那个男人。可母亲只是拉着我的手，一句话都不说。

后来的那段日子里，母亲搀扶着我走了很久，给我做好吃的——虽然我吃不下；跟我聊天，虽然我口头应付着，心完全不在；给我买好看的衣服打扮我，虽然我已经失去了悦己的人。那是我成年后跟母亲过得最亲密的一段日子。

[3]

妈妈一生不顺，到老了，时来运转。先是调回了老家上海，后又谋了个好工作，到退休时已是万般坎坷皆身后了。

我惊奇地发现，妈妈其实是个很温柔的女人，只是境遇的不平毁了她的好心情。她还是唠叨，语言却成了春风化雨，打电话去，总听她耐心嘱咐东嘱咐西，替我准备好一切，并为我奔东走西，只要是我需要的，她都一一准备在前头。但我对她没任何好，不关心她的一切，只顾自己。

我发现我对母亲极没耐心，总将自己最糟糕的部分暴露给她看，而这些部分都是我很谨慎地藏于人后的。

回国短短几天，我总失去控制，对妈妈大喊大叫，自己脾气之大，耐心之少自己都觉得莫名其妙。因妈妈一句无心的话，我能吵很久，直到发现母亲一言不发，很可怜地抬眼看我，才顿时觉得自己太无理。在母亲面前毫不收敛。

妈妈默不作声，低头。偶尔抬眼看看我们，欲言又止，眼泪都要落下来了。

当你吃上一顿热气腾腾的饺子时，可能母亲为此忙碌了一上午。当你问起母亲为什么不一起吃时，母亲饿着肚子说自己不饿。可能我们不记得当时的感动，但回家吃上一顿母亲亲手做的饭是一件多么幸福的事情。对于你，对于我，对于每个人，当你独自回家，对着冰冷灶台的时候，你才会记起当初的幸福和温暖！

风尘仆仆来赴你的约

不是不知道欲擒故纵的道理，不是不懂得矜持，可就是不忍心故意冷落你。看到你的消息总是忍不住秒回，每一个热情洋溢的感叹号里，都藏着喜欢你。想把铠甲脱下来，用软肋拥抱你。若是你喜欢一个人，你会从他的身上闻到一种特殊的味道，那是属于你们之间才有的见证，世界上最好闻的味道，就是抱着你时，你身上的味道。

[1]

大学开学的第一天，你安顿好自己的琐碎，跑来帮我拿行李。你走在我左前方，穿着鲜绿色的短袖上衣，一副桀骜不羁的样子。你总喜欢穿这么招摇而鲜艳的衣服，我总能在一片灰扑扑的人群中一下找到你，这让我一度有些骄傲。

可是那天，你的左一个"老乡"右一个"老同学"，还是叫得我的心一寸寸沉下去，大概我们的关系，也就禁锢在这样的定位里了吧。而你那叫"浅"的姑娘，你一定不忍心称她故人吧。

我忽然有些落寞，既然明知我们之间横亘着无法跨越的东西，为何还要追随你的脚步，不远万里来到这所异乡的大学呢？

[2]

高中文理分班的第一天，我坐在文科火箭班靠窗的位置预习，选

091

择文科并顺利进入特快班的男生寥寥无几，你却是万分之一。第一堂课过半，你才出现在教室门口，朝老师点头致歉，表情里却挂着一丝不以为意。你坐在我斜前方的位子上，然后转过身把那件鲜艳到夸张的黄色羽绒服挂在椅背上。你捕捉到了我来不及撤回的视线，然后坦率地咧开嘴，笑了。

此后的日子你再没有迟到，而我却每天都第一个进教室。你知道吗？我把最珍贵的休息时间放在了等待里，然后心不在焉地坐在座位上，等你在挂衣服或者挂书包的时候假装不经意地看向你，然后满足地收下你那个比你的衣服还明媚的笑。

你或许并没有放在心上，可是我的这份"蓄谋"真的整整维持了两年。这两年来，距离不到两米的我们有多少交集呢？除了你习惯性地回头、问好式的笑，除了我收作业时小心翼翼地拿走趴在课桌上睡觉的你胳膊下的本子，除了你历史课回答不上问题回头尴尬地求助，除了我一次次悄然把整理好的笔记放在你的桌上……还有什么呢？

我想不出了。

我甚至想过，如果后来我没有好奇地试探你的相册密码，大概就不会看到那个姑娘的照片了吧；如果没看到你那句"我说浅姑娘，朝着你的方向努力真辛苦啊，不过还挺开心的"，大概安静克制的我有一天会勇敢地站在你面前的吧。可是，假设终归是假设。

那个姑娘我并没有见过，穿随意的运动装，穿着一双素色的轮滑鞋，看着镜头的方向微笑，温婉又骄傲。

哦，难怪你视轮滑如生命，就连每个人摩拳擦掌的高三，都拿出大把的时间用于在轮子上起舞。

那一晚，我坐在卧室的地上，怀里抱着那双偷偷买来、偷偷练习，也偷偷摔了无数次的轮滑鞋，苦苦地笑了：原来爱着的人都一样啊，总想朝他的方向无限靠近。爱屋及乌，哪里是真的钟情于"乌"，只是爱"屋"太甚，丢掉了自己的喜好，以及自己。

[3]

　　我不知道高中的岁月是如何走完的，也忘记了在得知你心有所属后，以如何的心情面对你无数个回头时"顺路"的笑。但是我知道也记得，你停在我心里的感觉是什么样子的，就像眼睛里的沙和脚下的石，藏在我的身体里隐隐作痛，似乎没那么尖锐也不痛彻心扉，但就是让我无法忽略。

　　所以明知你那么遥远，我却还在垂死挣扎。

　　高考后，从未独立生活过的我放弃了家门口的重点高校，风尘仆仆，随你来到了我一无所知的远方。

　　我甚至不知道你是否为了你的她选择了这里，但我还是来了，带着明知断壁也昂首挺胸的一腔孤勇，还幻想着走到断壁前，或许会曲径通幽呢。

　　那份孤勇的余温，让我习惯性地在人群中寻找你，让我习惯性地把你写到我的日记里，甚至让我加入了轮滑社。

　　因为我知道，你一定会出现在那里。

[4]

　　大一就要接近尾声的时候，我已经能把轮滑的"弧刹""蟹步""玛丽正蛇"驾轻就熟了，但依然未见过你喜欢的那个人。我无从问起，也不敢问。

　　练轮滑，我像个天不怕地不怕的女汉子，可在感情中，我始终都是胆小鬼，所以宁愿纠结地暗恋着，也绝不想从你口中听到有关她的丝毫。

　　在一次几所高校联合举办的"66节"（轮滑节）上，我们一起完成了一套轮滑动作。下场休息时，你看着我发在空间的小诗轻笑："我就喜欢你这样会轮滑还会写诗的姑娘。"

　　即便掺杂着笑意，你的口吻依旧认真。呵，我多希望你喜欢我，而不是喜欢我这个样子这个类型的姑娘。

"哦，原来她也会写诗啊。"这是我第一次在你面前提及她，随后红着眼眶笑了。

她也会轮滑会写诗哦？可是她还是比我多了一点儿幸运，就是被你喜欢啊。可是她的诗，也是和我一样，字字句句都是写给你的吗？

"她？谁？"你收起手机，一脸惊诧地看着我。

"你的浅啊。"我调侃般地说。你知道吗，猜你的相册密码，用掉了我整整两天的自习课。

你神情复杂地眯了眯眼，皱眉的样子好丑啊，却曾无数次让我怦然心动。最后你忍不住"噗"地笑出了声，看着像丢了糖果一样马上哭出声的我说："你轮滑玩儿得这么好，竟然不知道轮滑大神苏菲浅？"

我……

然后我真的哭了。

怎么也没有想到。

哦，对了，我轮滑为什么玩儿得这么好，你真的不知道？

[5]

那个暑假，返乡的火车站，我被来来往往的人流挤得昏天黑地，你依旧走在我的斜前方，拉着我们两个人的行李箱。时不时回过头看我，见我一副水草般摇摆的样子，不厚道地笑了，然后顺理成章地拉起了我的手。

我挣扎未遂。你回头，一本正经地说了几个字：喜欢你，好久了。

那一刻，火车站全部的嘈杂，都淡成了背景。

很久后的一天，我们依然一同乘火车奔波在学校和家之间。在候车室，你揽着我的肩："姑娘，喜欢你好久了。你什么时候开始喜欢我的？"然后咧开嘴笑了。

"谁喜欢你。"我傲娇地瞥了你一眼。看你一闪而过的失落，我的心跳竟然漏掉了一拍。我假装若有所思了一会儿，然后朝你傻笑："其实……第一眼啊。"

你孩子般地坐直了身子，目光灼灼，像有星星在闪烁。最终却心口不一地嘟囔了一句："巧言令色，鲜矣仁。"

我没说话，又想起那年那件黄色的羽绒服，和那个寒冬出现、却像长夏般明媚温暖的你。

遇到一个喜欢的人，其实不难；多少爱情，都开始于喜欢，结束于了解。后来明白，所谓合适的人，没有定论，大概是三观相似：兴趣可以不同，但决不干涉对方，有话聊，相处和独处一样自然；这一路，你是你，我是我。不是没你不行，但有你更好。老老实实喜欢你，不羡慕别人，不计较太多，在喜欢你的每一个日子里被你喜欢，就这样挺好的。

那些伤害过我的女孩，教会了我长大

不要随意发脾气，谁都不欠你的。过去的事可以不忘记，但一定要放下。你没那么多观众，别那么累。你永远没你想象的那么重要。慢慢说，但要迅速地想。生活中有很多不公平，你可以抱怨，但不能放弃。不要以为生活亏欠了你，其实是努力的不够。不是自己的再喜欢也没有用，要懂得放弃。

她读大二的时候，我是物理系的研究生。偶然的机会我们认识，然后一块吃夜宵，去图书馆自习，在思源湖畔散步。12月，湖岸寒风刺骨，我俩缩着脖子走了一圈又一圈。低下头，我闻到淡淡的洗发水味道。

快期末考试了，那天她捧着一张去年的大学物理试卷愁眉苦脸，说这回死定了。我把卷子拿回去，找了个自修教室，花一下午时间答完。每道填空题、选择题的边上，都写上详细的求解思路，计算题至少写了两种解答方法。该用牛顿定律的地方，画上一个牛头；该考虑相对论的地方，画上一只猩猩。

除此之外，没有多写一个字。懂的人自然会懂。

抬起头，黑板上方有褪色的字迹：知识是人类进步的阶梯。

放屁，爱情才是人类进步的阶梯。

写过很多情书，还替弟兄们写过情书。这是唯一的，写在试卷上的情书。

晚上，收到她短信，说男朋友陪她自习，看见了那张试卷。

我愣住了。不知道她是有男朋友的，也从未听她提起。

我有点发闷，又觉得自己很可笑，于是直接关了机。半夜睡不着，打开手机，诺基亚蓝色的屏幕，大手牵着小手。有些字在黑暗中闪烁：分手了，想和你在一起。

放寒假了，我俩整日游荡，我陪她看画展，她陪我泡咖啡馆。手牵手走在原法租界的小马路上，路过老房子发黄的美丽。

在一家花店，她对着一束香槟玫瑰入了迷。我说买下来送给你吧，她笑着说，不用了，回家养不久的，留在记忆里就很好。

临走前，我记下了花店的门牌号。

有天早上，她发来短信说，今天不想出来了，累。

我说好。

下午接到她的电话，声音是哽咽地。她听说了前男友的近况，他过得很不好，每天要喝好多酒才能睡着。她觉得愧疚，是自己害了他。

我静静地等待那句话。

女孩说，分开吧，我放不下那个人。

我说好，保重。

那时我年轻气盛，眼里容不得沙子，这样的感情不要也罢。说保重，意思是走好不送。

挂了电话，我迅速地删掉了她所有联系方式，干净利落。打电话找哥们儿出来吃饭。他在戏剧学院，身边花团锦簇。我嘱咐他多带几个漂亮姑娘。

酒，大酒，快意且荒唐。酒后再去K歌，左拥右抱，打情骂俏，要的就是这种花天酒地的感觉。不就失个恋吗，有什么了不起？你看，我过得很好。

有个笑话，说鳄鱼的反射弧长，你踢它一脚，要几年后才感觉到疼。

回到家里，习惯性地拿起手机，又放下。不用说晚安了。

关了灯，黑夜紧紧地裹住我，往日的画面像无声的电影，一幕幕闪现在眼前。心开始痛，胃开始抽。我咬着被子，无声地哭泣。一遍遍念着她的名字。晚安。晚安。

不是没失恋过。而是第一次，刚下决心要去好好爱一个人，爱却戛然而止。

最难过的不是分手，而是没有挽留。

我想给她打电话，想再听听她的声音。想对她说，回来吧，忘不了你。打开手机，找不到她的名字。

这才明白，删号的时候如此决绝，就是为了防备此刻的自己，不让她看见我丢脸的样子。

我穿上衣服，出门，在这个城市游走。我走了一夜，走过了每一条我们一起走过的路。最后，在一栋小楼下，我望着那熟悉的窗口，漆黑一片，里面的人睡得好不好？

下雨了，冰凉的雨滴打在脸上，让我清醒。想起晚上在K吧，我反反复复地唱着一首歌——再说我爱你，可能雨也不会停。

有一种说法，人死了以后，灵魂要把生平走过的路再走一遍，捡回生前留下的脚印，不然不得超生。

我亲手埋葬了这段感情，又捡回了它留在这世上的所有脚印，送它入土为安。

回到家时，天已经快亮了。冲了把澡，扑在床上，睡得昏天暗地。

开学了，没有再见到她，可能是我的刻意回避，可能她也做着同样的事情。只有一回，我骑着自行车，看见她走在一群女生中。天色昏暗，发现的时候拐弯已经来不及。我低头，加速，从她身边掠过。眼神交错的一瞬，如遭雷击。

四个月后是她的生日，我去了那家花店，然后捧着一大束香槟玫瑰坐在回学校的地铁上，看起来好痴情好幸福的样子。身边的乘客都用善意揶揄的眼光瞟我，我想我是不是应该配合一下，于是抬起头笑了笑。

并不是试图去挽回什么。如果说四个月前，这段感情已灰飞烟灭，那么今天，再美的花不过是祭奠。

我把花夹在自行车后座，停在她的宿舍门口。然后冒着大雨，走回去。

再说我爱你，可能雨也不会停。

有一天看《甜蜜蜜》，豹哥对李翘说：傻丫头，回去泡个热水澡，睡个好觉，明天早上起来，满大街都是男人，个个都比豹哥好。

我的泪一下子决堤。

时间教我怎样去爱一个人，也教我怎样忘记一个人。

而忘记一个人，正是爱一个人的前提。

你要真诚地相信，上天是如此眷顾你。那些伤害过你的女孩，要么教你长大，要么帮助你成为作家。

我们总是一厢情愿的去喜欢一个人，但到头来往往发现被感动的只是自己。我想，也许在一厢情愿里面没有爱，只有痴，所以我们才会那么痛苦。离别都是蓄谋已久，何必找借口；所有的离开，都是不爱或不能爱；走后的你，或许还喜欢，却少了非要在一起的执着。

因为错过你而错过了整个世界

我不需要多么完美的爱情，我只需要有一个人永远不会放弃我。世上本没有什么完美的爱情，那些看起来让人羡慕的恋人，无非是他们经过了大风大浪，还依然紧握双手，大概最浪漫的情话，不是车马很慢，一生只够爱一个人，而是此生遇见你，足矣。

周九斤是我们班最瘦的同学，但因为生下来时，重达九斤，周母高兴，就叫了九斤。

周九斤是我小学同学，刘小米是我同桌，我们认识的时间太久了，久到已经不记得是什么时候认识的，周九斤是从小学的三年级就开始喜欢刘小米的。因为刘小米是三年级转到我们班的，为了能跟刘小米坐一起，周九斤请我吃了一个学期的冰棍。后来老师死活不让换，这也就成了他童年的唯一遗憾，我也成了他童年回忆的恶人。

周九斤是真喜欢刘小米，每天早饭不吃，省下钱给刘小米买冰棍吃，以至于成年后，刘小米始终比周九斤高五厘米，我问过他，为什么喜欢刘小米。他说：

"你不觉得刘小米笑起来特别好看吗？特别是那根小辫子，就像蜻蜓的尾巴。"

很小的时候我就觉得他的比喻有问题，谁会说一个姑娘的辫子像蜻蜓尾巴呢。

也难怪刘小米不喜欢他，太不会说话。不过因为他的努力，事情还是有了起色，只要有刘小米在的地方，就一定有周九斤在身边。时间久了，班里的同学一看见他们俩，就喊他们是"九斤小米"，想想其实还真挺配的。

可所有的一切，都不妨碍刘小米不喜欢周九斤。我很早很早就问过刘小米，你为什么不喜欢周九斤。刘小米的回答意味深长：

"周九斤哪儿都好，就是太张扬了，恨不得全世界的人都知道他喜欢我。"

我说："他就是希望全世界都知道，你是他的。"

刘小米撇撇嘴，没再说话。

刘小米学习特别好，情商高，也挺早熟，每次都是班级里的前几名。可周九斤永远都是吊车尾，但他好像永远都不担心。周九斤依然每天接送刘小米，路上的时候，永远都是周九斤在说话，说一切能逗笑刘小米的话。每天早晨周九斤见了刘小米都说：

"小米小米，你看我是不是长高了点儿？我快赶上你了吧。你什么时候做我女朋友呀？"

刘小米总是笑眯眯地说："还差点，快了快了。"

周九斤之所以每天都缠着刘小米这么说，是因为在小学的时候，刘小米就告诉他，如果想让我喜欢你，你就要比我高。从此周九斤的生活里，除了刘小米就是吃鸡蛋、打篮球。可不管周九斤怎么努力，刘小米始终比他高五厘米。周九斤不止一次跟刘小米说："你等等我，别长那么快呀，我很辛苦的。"终于有一天发现，刘小米不再长个儿了，可还没来得及高兴，周九斤发现，自己也不长了。于是他们的身高永远相差五厘米。

刘小米究竟喜不喜欢周九斤，没人清楚，但我知道。有一次周九斤发烧，没来上学，第一次刘小米自己上学。多年后刘小米告诉我说，那天她是一路哭着去学校的。可这也是许多年后我才知道的，年少的周九斤自然无法知晓了，他仍然在孤军奋战，傻了吧唧。

高中毕业，刘小米去了上海的大学，周九斤没考上，差了五分。就像他和刘小米的身高一样，永远差着五厘米，其实那时候周九斤不知道，刘小米如果脱了高跟鞋，他们是一样高的，可没人告诉过他，他也不敢去问。刘小米在大学上课，周九斤就在外面赚钱，卖衣服、摆地摊、烤肉串、当司机，什么赚钱他做什么，每到周末就去学校等着刘小米出来，陪着玩、陪着吃。钱都给刘小米花了，自己一件衣服舍不得买，周九斤说值得，刘小米一个人在外地不容易，自己应该照顾好她，毕竟是自己媳妇儿。

大三的时候刘小米交了男朋友，不是周九斤。

听说那男孩长得人高马大的，是学生会主席，用了一束玫瑰花，把刘小米从周九斤身边抢走了。周九斤后来说过好几次，玫瑰花有啥用呢？她要喜欢，为啥不早跟我说呢？听说那个男孩正好高过刘小米五厘米，我们也终于知道为什么这么多年，周九斤没戏了。后来周九斤说：

"有些事，勉强不了的，我看着都觉得好般配呢。"我心疼，骂他傻。

他也不反驳，他说从小学追刘小米一直到现在，不后悔，但也累了。半年后周九斤离开上海，去了宁夏，跑运输，一路从南到北地奔驰。月月如此。

后来大学毕业，刘小米跟学生会主席分手，找工作，搬家。都是周九斤跑去上海帮忙的。也不说什么，就是闷头干活。刘小米看着周九斤的背影不是滋味，谈不上是什么感觉，像感动又不像，就是心疼，但肯定不是爱。因为刘小米知道自己想要的是什么样的人，不说，就懂。可这件事，周九斤做不到，这么多年一次都没有。看电影只看便宜的，吃饭只选贵的。从不问刘小米喜欢吃什么，想看什么。自己一意孤行地爱着。

因为刘小米的原因，周九斤把运输线改成上海到宁夏，他说从上海出发，再从宁夏回来有奔头，因为刘小米等着他呢。刘小米有一天晚上问周九斤：

"九斤，你追我这么多年不累吗？"

"不累，就是你总不搭理我，觉得有些委屈。"

"那我下个月做你女朋友吧，你别委屈了。"

"为啥要下个月啊？"

"下个月就是你追我整十三年了。"

周九斤终于追到了刘小米，花了十三年的时间，跨越了他整个人生。虽然要下个月，但他也高兴，这么多年都等了。消息传开后，曾经的班级群都炸了，一个小学班外加初中班和高中班，共同见证了周九斤一路的辛苦。我们都觉得爱情已经不值一提，但在周九斤这里一直那么干干净净。

周九斤特别高兴，想给刘小米好的生活，想把最好的给她，给我打电话时，声音都提高了，跟我说："功夫不负有心人，你看我还是成功了吧，刘小米就是我媳妇儿。"我说是啊，这么多年了，不是你的还能是谁的，什么时候办喜酒啊，班级里都等着随礼呢，都等太久了。

周九斤笑呵呵地说："快了快了，年底就结婚，到时候你们都来啊。"

我说："一定。"

周九斤是2009年冬天走的，宁夏回上海的高速，大雾，车祸，人当时就不行了。

距刘小米答应周九斤的日子，还剩半个月，周九斤的葬礼是回老家办的，大部分的同学都回去了，葬礼那天所有人都红着眼眶。不知道怎么去安慰周父周母，就在葬礼快结束的时候，刘小米来了，她散着头发，光着脚，手里拎着高跟鞋。慢慢地走到周九斤身边，趴在周九斤身上，像哄着睡着的周九斤一样，轻轻地说：

"周九斤，你看我和你一样高了。"

"我可以做你女朋友了，你快叫我名字啊！"

"周九斤，我是刘小米，你快起来送我上学吧，我快迟到了。"

"我楼下旁边又开了新饭店，你快带我去啊，求求你了……"

我们实在看不下去，强拉着刘小米离开，在挣扎的时候，刘小米的眼泪落在了周九斤的脸上。周母哭着说："我家九斤可怎么走啊，他走不了了，走不了了。"后来我才知道，老人都说人死了，是不能让活人的眼泪碰到身体的，不然无法轮回投胎，就得一直陪着掉眼泪的那个人。这件事虽然不知真假，但我没告诉刘小米，但我相信，周九斤肯定是不想走的。

第二天周九斤火化的时候，我们打算把他的东西都烧了。可到最后发现，上面全是刘小米照片，有考试后的，有毕业时的，很多阶段，就差他们的合影。刘小米求我们把东西给他，别烧了，有几个朋友气不过骂刘小米："他爱你这么多年，可你没资格。"我拉开他们，把东西给了刘小米，她抱着那堆东西，蹲在地上，哭得撕心裂肺。我知道她为什么那么伤心，那个爱她半辈子的周九斤没了，再也没有了。

三年后的一次同学聚会上，碰见了刘小米，依然单身。手上戴着佛珠，神态静素，我问："你这是信佛了？"刘小米点头，说："也不是信佛，就是舍不得他，想让自己心静一些，也想知道人生在世，到底为了什么。"我说你就打算一直这么单着吗？刘小米笑笑说：

"我没法爱上别人了，我欠周九斤的，一辈子都不够还。"

"你欠他什么？"

"欠他一个答案。"

"什么答案？"

"……"

周九斤笑嘻嘻地问刘小米：

"小米小米，你看我是不是长高了点儿？我快赶上你了吧。你什么时候做我女朋友呀？"

谁都可以说爱你，但不是每个人都能等你。真正的爱情不是一时好感，而是明明知道没结果，还想要坚持下去的冲动。我知道遇到你不容易，错过了会很可惜。只要结局是跟你在一起，过程让我怎么痛都行。

此间少年，终于等到你

每个女孩都终将遇到一个深爱你的男生，心疼你的过往，珍惜你的现在，携手你的未来。这是人生的设定。爱情，不是因为凑合凑在一起的，而是因为和心疼自己的人在一起，再也不需要凑合了。我不知道，下辈子是否有缘还能遇见你，所以我今生才会，那么努力，把最好的给你。

简樨是在高二刚开学时学校组织的大型活动"书院行"期间第一次见到肖恩的。正值初秋，天朗气清，来自北方的冷空气裹挟着青草香，吹拂着正要结伴去旅行的少年们的额头。

走访的白鹭洲书院离豫章大约五个小时的车程。走访小分队都是从各个班级里挑选出来的，彼此并不熟悉。带队的王老师为了提升气氛，拿着话筒在大巴车的最前面喊："肖恩，你出来给大家唱首歌吧。"

大约是话筒杂音有些刺耳，坐在倒数第二排的靠着窗正要睡过去的简樨迷迷糊糊地醒过来，恰好看见少年拿着吉他，从容地走到大巴车的最前方，安然地在众人的目光下拨开弦来。

旁边的女生们都红了脸颊，男生们都站起来起哄，而他眼神却自始至终没有投给众人一个，独自安静地低着头唱歌。

至今，简樨甚至还能记得那个声音温柔地唱："那片笑声，让我想起我的那些花儿……"

当天晚饭过后，餐后游戏斗地主的时候，肖恩一共输了三顿麦当劳加上身上所有的零食给简樨。女生撇撇嘴："呀，你都没有什么可以输了，我不玩儿了，多没意思。"

肖恩洗着牌说："最后一局，最后一局。"

周围观战的人都迟迟不肯走，有人在简樨身边笑道："你真是赌神啊。"

不负众望地，肖恩依然输了，他拿起身边笔，在纸条上写了什么，递给对面笑成一朵盛开的向日葵的少女："我的电话号码输给你。"

少年澄澈的目光落在简樨的眼睛里，她被看得脸红心跳，耳朵根部染上了朝霞的颜色。倒是旁边起哄的人群炸开了锅："哦，肖恩呀。"

青春期的少年们总是那样热热闹闹，次日游览坐落在白鹭洲中学里的白鹭洲书院时，同学们半开玩笑地把简樨和肖恩远远地甩在了队伍的最后。

简樨开始还有点尴尬，玩儿着自己的手指甲问："这是不赌不相识吗？"

旁边的肖恩"扑哧"笑出声来，一瞬间，像是有什么融化开的声音。

莫名地，他们就成了好朋友。

拿到的电话号码，简樨一次也没有打过，但是每次相遇攀谈的过程都出乎意料地舒畅。

高二下学期，简樨常在市立图书馆碰见肖恩，自习室低着一排排的脑袋放眼望去有些惨烈。偶尔肖恩会教她解不出来的数学题，他总是把步骤写得十分详尽，连简樨不记得的推论都会将推理过程标明清晰。简樨则会在每次小假期要结束的时候帮手忙脚乱的肖恩写两篇英语作文，结尾处标上两个小字：加油。

高三的运动会，简樨在100米起点处的草地上遇见刚刚结束比赛的肖恩，少年把包扔在地上，席地坐在了她身边，笑着问："你想什么呢？"属于少年的馨香擦着她的鼻尖蔓延开来。

那是他们第一次谈起梦想。

肖恩目光灼灼："我们约定，一起考去北京好吗？"

后来，高三第一次期中考试以惨烈鲜红的分数画上了分号，简樨看过文科班的排名表之后又跑下二楼去看理科班的排名表，那个从未跌出前二十的名字让她暗暗咬着嘴唇，还执着地数了数自己和那个名字的排名差。

接下来的日子里，简樨的桌角贴上了一张小小的便利贴，上面用红笔写着一个数字，路过她课桌旁的同学看到便条总问她，这个数字是什么意思，她摇着头笑而不答。但是细心的同桌发现，那个数字随着每次考试，都在慢慢变小。

那一年的初冬，简樨从班主任的办公室拿回了人民大学的自主招生报名表，两个月后，不负众望地接到了人民大学发来的面试通知。

启程去北京前，正是高三第一次摸底考试的前一天，简樨把桌子里所有的书和笔记本装进书包里，冬季天黑得格外早，走廊里昏黄的路灯次第亮起，简樨在楼梯口看到了肖恩。

少年拿着拖把，气息不稳，好像是从楼下跑上来的样子，女生黑色的长发侧梳在胸前，抱着一大摞书，灯光下微笑着的白净的脸让他想起那天在白鹭洲书院的下午，她指着书阁前面星星点点开着白花的桂花树说："桂花也称木樨，因为我生在秋天，冷空气里的桂花香更加馨暖，所以取名'樨'。"

肖恩原地看了许久，终于开口："你面试加油。"

也不知道是不是这句鼓励来得恰到好处，简樨成了全校唯一一个通过人大自主招生面试享受高考降三十分优惠政策的学生。

六月，最终在千呼万唤中到来，高考结束的那天校门口人头攒动，远看甚至有些庆典的氛围。简樨在人群中踮着脚搜寻许久都没有看见肖恩的身影，在父母的再三催促下只好离开了学校。

她却没有想到，自此夏天，肖恩就突然断了联系。

无论是他的好朋友还是老师还是同班同学都联系不上他，直到志愿填完，放榜之后，简樨如愿去了人大，她才从肖恩班主任的嘴里听说，肖恩以几分之差和人大失之交臂。

简樨回家之后从手机里翻出她存了两年却没拨过一次的电话，踌躇再三，对着镜子反复练习好多遍安慰的话，才敢拨过去。而此时肖恩正在家里收拾东西，准备办理复读的手续。母亲再三劝他，他只是去不了最想去的那所学校，但还是有其他不错的选择的。

肖恩正把自己心爱的吉他装箱，放进书橱顶端的柜子里，手机在沙发上响过3声，他盯着屏幕上一次也没有亮起过的"樨"字，怔忪着，在铃声断掉又再次响起时挂断了电话。

八月末，简樨在机场换登机牌准备踏上北上的飞机时，肖恩就站在电梯旁，他既没有叫住推着行李箱的女生，也没有发信息给她，就那么远远地看着那个瘦削的背影背着书包消失在安检处。

高中过后的大学生活是那么满满当当，多姿多彩，尤其对热气腾腾还冒着新鲜劲儿的新生来说，更是如此。简樨自然而然也被吸引着，申请学生会，加入社团，周末和室友逛街、唱歌，像每个平凡的大学女生一样，充实忙碌着。

只不过每次路过中关村的新中关门前看到地铁站附近的流浪歌手时，她一定会停下脚步，听他唱完一整首《那些花儿》。

北方北，她再未在人群中遇见一个哪怕和他相似的背影。

室友时而好奇，一直追问，简樨有那么多追求者，为什么却连约会都不曾有过一个呢？简樨坦然地回答："我不知道你是否曾有过这样的心境，就是有这样一个人，假如你不能和他在一起，也不会有别人。"

北方的秋天只有吹乱枝丫的大风和冷空气，不曾有过木樨香。

大二开学的初秋的某个傍晚，简樨的室友下课后火急火燎地冲回寝室换衣服化妆。原来听说燕园今年的新生组了一支乐队，晚上要来学校小操场演出。

简樨随着人潮，也打算去看个热闹。

主持人简单的开场介绍之后，乐队的成员分别登台，主唱拿着麦，话筒的杂音和三年前大巴车上的话筒杂音一样刺耳，少年试了试音，他说："我没有在演出之前废话的习惯，但是今天很特殊，简樨，树下穿白衬衫的姑娘，你还没有给我接风洗尘呢。"

人群窃窃私语，然后是大范围的骚动，人们的目光纷纷朝简樨的方向投过来，肖恩在人声鼎沸中依然那样从容不迫地拨着吉他弦唱："那片笑声，让我想起我的那些花儿。"

　　简樨在沸反盈天的议论声中，肖恩依然温柔的歌声中，汹涌地哭了出来。

　　此间少年，终于等到你。

　　爱上一个人就是感觉害怕，怕得到他，怕失去他。真正的爱情，两个人在一起是轻松快乐，没有压力的。你是我的，谁都抢不走，我就是这么霸道；我是你的，谁都领不走，我就是这么死心眼。相信自己，总有那么一天，有一个人，会走进你的生活，让你明白，为什么你和其他人都没有结果。你要相信，有一个人正向你走来，他会带给你最美丽的爱情。你要做的只是在那个人出现之前，好好地照顾自己。

最美好的情感莫过于对爱的守望

你不快乐，谁会同情你的悲伤；你不努力，谁会陪你原地停留；你不珍惜，谁会和你挥霍青春；你不执着，谁会与你共同进退；无论如何选择，只要是自己的选择，就没有对错更无须后悔，若当初有胆量去选择，就应该有勇气承担后果。所谓成长便是敢于面对真实的自己和这个残酷的世界。

[1]

春天的天空格外的清朗舒远，远处的山是那种清新的绿，偶尔一缕微风掠过发际，顿时，一阵泥土、青草混合的香味便不可抗拒地向你袭来，那是春天的气息，是大地母亲的体香。

屋檐，一对黑色的小燕子，似热恋中的情人，叽叽喳喳地互诉衷肠。此时，不远处的栅栏上，有一只不知名的小鸟，呆呆地、痴痴地望着它们，好像被它们的温情感动了，以至我小心翼翼地来到它的跟前它都没有察觉。我使劲地跺了下脚，它不动；我又拍了拍手，它依然故我，如一尊小巧精致的雕像一般。我迅捷地把它抓住后，它才一下子清醒过来，随之便拼命地挣扎叫嚷，惹得我哈哈大笑起来……

其实，青春就是这么美好，可以痴情到忘乎所以，就如我手中放飞的那只不知名的小鸟……

[2]

很留恋那时的流光，走进一片高高耸立的松林，头顶上密密的松针把蓝天遮掩得星星点点。偶尔，几声鸟鸣，清脆回响；偶尔，几句人语，情意绵长……青春就是这么无所顾忌，宁肯舍弃身后的繁华，也要走进孤寂的港湾。

只要你肯给我一颗真心，我敢把世界抛弃……

［3］

曾经，走进一片竹林，修长的竹子直指蓝天。阳光透过疏枝密叶，斑驳着脚下的光阴。我独自逡巡着，在碗口粗的竹身上寻觅着光阴的故事。

这片竹林满载着青春的过往，那一个个写在竹上的字，有情的倾诉，有恨的心伤，有爱的等待，有心的告白，有的记载着心酸，也有的雕刻着甜蜜的时光。

其实，痛苦也好，幸福也罢，都是对人生的一种记忆，随着时光的流逝，那种曾经剜心般的痛，最终会成为你幸福的内容。

忽然，几个生动的文字映入眼帘——"等你，在竹林深处……"

等你，在竹林深处。

这诗意般的文字让我遐想连连，勾起了我远走的旧梦时光……

……

时光

隔断了我记忆的家园

石桥下

流水的小河边

我也曾等你

等你

日落西山

……

人世间，最美好的情感莫过于对爱的守望了，等到了，那是前世修来的缘分，千年等一回，无悔无怨；等不到，那也是对美好的憧憬，正如佛说"前世的五百次回眸，才换来今生的擦肩而过"。因此，等到与等不到我们都应好好珍惜。青春对于每个人来说只有一次，为什么不过得潇洒一些呢？让心痛随风而去，让笑容温暖心扉。

等你，在竹林深处。

当你一笔一笔用心写着这些字的时候，是不是泪水已打湿了双眸？你把对爱的焦急等待用手中的刻刀演绎成来自心灵深处的诗意守候。我不知道故事的结局是否完美，也许，也如当初的我一样傻傻地等到日落西山……

青春无悔，悔的只是我们不懂得把握。

[4]

春天，总是给我们无限的遐思，一棵草、一朵花、一滴露珠、一丝嫩芽……若是再有一缕微风飘过，那么，我们的心泉总是涟漪起美美地波澜。即便，此时的心情有些压抑，可也不会太在意那些无聊的烦恼，我会毫不犹豫地把它们抛在身后。然后，来到河沿，找一棵婆娑垂柳，坐在浓密的柳荫下，心情舒朗地吹响柳笛，触摸着春天的肌体，体验着春天的旖旎……

当青春在春天里相遇，青春的内容便会更加富有，举手投足，俯仰生姿。在青涩的华年里，十指相扣，一首歌，一段情……

……

青春离奇，

良辰美景奈何天，

为谁辛苦为谁甜。

这年华青涩逝去，

却别有洞天。

……

致我们终将逝去的青春。

细细想想，我已经爱你这么多年了。我不是有耐心的人，爱你可能是我这辈子坚持最久的事情。我走过这么多地方见过这么多人，如今只身在这里，这一路都是我自己，没有我们。我想我要和你说再见了，在爱你很多年中一个很平淡的晚上，给自己一个交代，给我最爱你的青春，给你送我最敢爱的岁月。

爱情还未开始便输给了我自己

没有哪种爱情，需要你放弃尊严作践自己，要你去受罪吃苦。爱情或许会让你不知所措，会让你嫉妒生气，会让你伤心流泪。但它最终是温暖的，能给你愉悦，能给你安全感。如果不是这样，那要么爱错人，要么用错方法。与其受罪，还不如单身。没有你想要的拥抱，那就先学会一个人坚强吧。

[1]

我刚上大一的时候，160cm，87斤，是众多瘦子中的一枚，大二的时候，我依旧160cm，而体重变成了120斤，活脱脱的小胖子。

我是林薇雨，喜欢你三年了。可是你，从来都不知道。

第一次见你，是在学校社团的招新会上。突然有两个穿着跆拳道服的男生拦住了我们的去路，其中一个就是你。

你的同伴热情地对我说："学妹，来参加我们跆拳道社吧，强身健体。"我笑了笑，以自己不太爱运动为由拒绝了。他不屈不挠继续追着我说："哎，学妹，学了跆拳道可以保护自己的，你看你长得这么不安全。"

你在旁边扑哧笑出了声，风掀起你额前的头发，你的侧脸在阳光下熠熠生光。你那天穿着白色道服，像极了武侠片中仙风道骨的大侠。那一刻，像是满天的星光都被你点亮了。

那一刻，我突然决定要去你的社团。

傅子钦，如果时光可以倒流，一切可以重来，我断然不会加入这个社团，也宁愿不曾遇见你。

[2]

我正式加入跆拳道社之后才发现，我能看见你的机会，也只有两次训练。

对于我们这些跆拳道菜鸟来说，或许有部分人是为了某个人而来，例如我。而你，从小就学习跆拳道，你对跆拳道的热爱无异于樱木花道对篮球的热爱。这一切，都是慢慢熟悉之后我才知道的。你说你不能理解，为什么我每次训练都要想办法偷懒，你说练跆拳道是一种享受。自那以后，我便不敢再偷懒，每一次训练都踏踏实实认真完成，经常累得全身酸痛满头大汗。

有一次，你问我要不要一起去聚餐。我刚想推辞，你却二话不说回过头跟其他人说今晚加一个人。我只能在风中默默点头。

吃饭的时候你突然义正词严地对我说："林薇雨你要多吃点，你看你瘦得肯定找不到男朋友。"

那天，你和你的同伴估计都被我惊住了。他们说我一个看上去瘦弱得风都能刮跑的女生居然可以吃赢三个大男生。

后来你们几乎每次聚餐都要带上我，你说你的同伴说，带上我不吃亏，不会有剩菜。我抬头看向你，问你："你呢，也是因为不想浪费？"

你笑了笑，把手搭在我的肩上，对我说："我当然是因为觉得你吃饭的样子好看又有趣啊，而且，你这么瘦这么矮，是该多吃点。"说完还使坏地比画了一下我的身高。

是啊，我真的好矮。你180，我160，就好像一抬头就能说爱你，但是隔着20厘米的距离，剩下的便只有仰望。

[3]

我们的关系越走越近，你已经开始旁若无人肆无忌惮地对我勾肩搭背了。舍友说，这是危险信号，关系越好，我们就越不可能成为情侣。我有一瞬间的落寞，可是我不能刻意疏远你，我实在是做不到。

我越吃越多。你去参加全市跆拳道大赛时，我已经可以去挑战自助火锅连吃六小时不停了。你又开始担心，你说："你这么能吃，以后谁养得起你啊？"

我问你："没人要，你可以收留我吗？"

你那天说的话，我永远都记得，也是那句话，把我推向了万劫不复的深渊。你说："没人要的话，我养你。"

我"哇"的一声哭了起来。你有点慌乱无措地说："好好好，有人要有人要，我错了，就那么不乐意和我在一起吗？"

后来一次社团聚会，一群人玩起了真心话大冒险，我选了真心话，他们问我，从小就这么能吃吗？我摇摇头，看向你，说："是因为傅子钦说我又矮又瘦要多吃点。"你在一旁笑嘻嘻地说："明明自己是个百分百吃货还要赖给我。"

后来，你抽到了大冒险，一群人起哄让你抱在场的一位女生。你二话不说就抱起了我，不知道谁来了一句："让他抱着林薇雨做二十个蹲下起立。"

你板着脸，抱起我，起先还很从容不迫的样子，越到后来我渐渐感觉到你开始吃力，汗水顺着你的鬓角流了下来。我抬手想帮你擦掉，你厉声说了一句："别动，沉死了你。"

我默默收回了手。傅子钦，就是在那一刻，我开始意识到，我已经不是当年的那个瘦得只能穿最小码的林薇雨了，我是大了一号的林薇雨。

回到宿舍后称了一下，我已经103斤了。我失去了那个"太瘦要多吃点"的理由了。

舍友们都劝我早早跟你表白。

她们甚至连情书都替我写好了。我拒绝，我说那一看就不是我的风格，你是不会相信的。

我就这样踌躇着，纠结着，磨蹭着，等待着，错过了一次又一次的机会。

[4]

再开学的时候，我大三你大四。开学的时候在校门口碰到，你直勾勾地看了我半天，然后拍拍我的肩膀："我说林薇雨，你怎么一个暑假胖成这样了啊，以后怎么嫁人啊？"

我哭了，我不是一口气吃成的胖子，难道之前你都瞎了吗？

你显然是被我吓到了，揉了揉我的头发："不哭不哭，没事，胖点可爱，嫁不出去我养你。"傅子钦，你看，又是这句。你知不知道，你这么说我是会当真的啊。

你大四的时候开始出去实习了。

不和你在一起的日子，我开始减肥。我咬牙奔跑在学校的塑胶跑道上，一圈又一圈，没有终点没有希望，就像我对你的追逐，永无止境。

你第一次回学校来看我的时候，是你开始实习的一个月后。你说你挣钱了，要带我去吃大餐。我默默地摸了摸自己腰间的肥肉，艰难地点了头。

那天晚上，我依旧欢悦地搏斗在食物之间，像个腾云驾雾的齐天大圣般挥舞着筷子，将食物消灭。你默默地笑着看我独自战斗着，临了，你摸摸我的头："这么多年了，还是只有你，一点都没变。"

不，傅子钦，我变了，我变成了一个胖子，我变成了一个懦夫。有些话，时间越长我就越没有胆量说出口了。我害怕如果我开了口，以后会不会连一起吃饭的机会都没有了。你看我懦弱得连自己都开始讨厌自己了，我本不该拥抱太过炽热的梦，比如明天，比如你。

[5]

如果说在追逐你的这条路上，我是个慢腾腾的参赛者，那么在减肥这条路上，我应该算得上是一个优秀选手了。

大三一年我瘦了整整20斤，并不像从前那么瘦，但已经看不出曾经

120斤的痕迹了。而我的胃，也不堪折磨，胃溃疡已经严重到不可不管的地步了。

我问医生，我以后还可以去吃火锅吃龙虾喝啤酒吗？他说："能吃，溃疡再严重一点就可以把整个胃切除。"

大三的期末，你和几个从前一起在社团训练的学长回来了。那时你就要毕业了，我们一起去了从前经常去的那家店，又乌泱泱点了一大桌。他们闹哄哄地打赌说我能吃多少。你在一旁看着，默默地不说话。这时，突然来了一个学妹，跑到你的面前，递给了你一封信。我听见她勇敢地说："傅子钦，这是我写给你的第721封情书，请你做我男朋友吧。"

旁边的人开始起哄，他们说，这个学妹已经递了两年情书了，你就算是石头也该化了啊。

你看了看我。目光交会的一刹那，我慌乱地低下了头。仿佛过了好久好久，你轻声说："好吧。"那个女孩欢呼了起来。

那天晚上，我不顾医生的劝阻又一次横扫千军破了纪录。我默默对你举了举杯，在心里默念了一句："来，傅子钦，干了这杯啤酒为证，从此火锅烧烤龙虾是路人。"可惜，你正被众人簇拥着，没有看见我眼里的决绝。

那天过后我在宿舍躺了三天，然后去医院，割掉了我四分之一的胃，也割掉了我这么多年来，对你念念不忘的臆想。从此以后，火锅的畅快，烧烤的淋漓，龙虾的肥美，我都尝不到了。而真正让我最难过的，是你身边的位置终于有了别人。

我的青春伴随着我的爱情就这样无疾而终了。那些你陪伴着我吃到满天繁星都笑了的夜晚，那些你在灯光下温柔地看着我横扫食物的日子，都一去不复返了。

我一次又一次地把你留在我身边，却一次又一次地错过了你。到了最后，我不得不承认，我输了。而且我没有输给别人，我只是输给了自己。

想和你去春游，看漫山遍野的花；想和你野炊，一起吃得杯盘狼藉；想和你在风景里合影，留下属于青春的纪念……其实，只想在春光烂漫的日子里，和你在一起。可是，我却没有勇气对你说出口。

爱情，从来就没有将就

有心在一起的人，再大的吵闹也会各自找台阶，快速重归于好；离心的人，再小的一次别扭，也会乘机找借口溜掉。我们都曾付出真心，以不同的方式。我们只是当时理解不了彼此，谁也不欠谁，爱情无须缅怀。你是那些年月里最烈的酒，我是真的认真醉过。

有孙荣在，朋友们必提王蕾。

孙荣已近而立之年，王蕾比他小一岁，他们是中学同学，相识快十五年。

孙荣和王蕾没谈过恋爱，要说有爱意，也只是王蕾对孙荣的。从中学时代起，王蕾就是孙荣的小尾巴。孙荣的审美趣味在王蕾身上尽显，比如，孙荣一段时间内喜欢红色，王蕾一段时间内就绑红色的发带，穿红色的裙子、红色的鞋，甚至，连课本都包上红色的书皮……又比如，孙荣喜欢的球队是曼城，王蕾就连浴巾也带着曼城的标记，曼城胜，则喜，曼城败，自己哭不说，还要做好安慰孙荣的准备。

孙荣知不知道王蕾喜欢他呢？答案是肯定的。

孙荣成年后以绅士、暖男自居。他从少年时开始就对女性礼让有加，再反感，也不过一句"我有点忙""稍后说"。这弄得王蕾日后和异性交往一听"有点忙"就摔电话，一见短信上出现"稍后"两个字，就怒回"我俩没有以后了"……

她这是被孙荣打发怕了、倦了、怂了。在十年的时间里，她或明或暗的表白、追求，孙荣愣是不接茬儿。

男婚女嫁。再联系时，均拖家带口。王蕾人在异国，算是个成功女性。她常在微博、微信发和大狗的合影，背景是宽阔的泳池，碧波荡漾。王蕾的先生也不错，和孙荣的风格完全不同，戴眼镜、有书卷气、爱背个双肩包。孙荣外号"窦唯"，喜欢闷闷地耍帅，温和时也看得出各种不合作。

现在，王蕾和孙荣在一个微信群了。是孙荣把她拖进来的。王蕾欢快地和众人打招呼，道声迟到，"何时聚一下？"有人起哄，打趣她和孙荣，她落落大方，"'窦唯'，说你呢！"

孙荣更大方，"听你的，你说啥时聚，就啥时聚。"除了班级同学群，还有一个年级同学群，孙荣问王蕾要不要加入。王蕾表示，不用了，有事咱俩单聊就可以，加那么多群，何必呢？

孙荣没吭声，过了一会儿，王蕾问他在干什么。他回："现在有点忙。"轮到王蕾不吭气了。

细心人发现，4月20日后，王蕾朋友圈的风格大变。以前是晒狗、晒老公，现在主要是晒自己、晒手艺。晒自己有多累，再累也要动感单车两小时，每天。"女人要对自己有要求。"她拍了一张单车的照片，又拍了小蛮腰，与镜中的自己对峙。

晒工作有多辛苦，但咖啡杯、水果茶、养颜的阿胶，一应俱全，白色的耳机线随意地丢在办公桌上，图注就是歌名。细心点会发现，那些歌多是孙荣喜欢的，是孙荣在朋友圈里转发的。

周末，王蕾会做曲奇、小面包；过节了，她又做一大锅水煮鱼，"始终相信，抓住男人的心首先要抓住他的胃"，可她的老公并没出镜。

聚会提上日程。王蕾在群里说，快定日子，我好订票、订酒店。同学们齐呼感动，又起哄，让孙荣去接，"明摆着美女是为你回来的"。孙荣痛快地答应了——他在别人面前，一向给王蕾面子，哪怕是他不接茬儿的那些年。

消息传到年级同学群，聚会就变成了大规模事件。"把老师们也请来？""能把娃带去吗？""去野餐？""泡温泉？"……

准备会在一家烤串店召开。有人问是谁最先提议的，知情者均默默看向孙荣，带着暧昧的眼光。孙荣还在撸串儿，他再追根溯源：一日，王蕾找到他，验证消息是"多年没见"。他翻翻手机，"4月20日"。

"孙荣，王蕾是不是还喜欢你啊？"

"哈哈哈……"

"把王蕾加进来。"年级群要求。

"给他们我的微信吧，有事说事，我不想加那么多群。"王蕾回应。

孙荣便截图贴在年级群，他不会发名片，只是点开王蕾的头像，上边写着微信号，他没注意，右上角灰色的小人，显示他对王蕾设了限——不看她的朋友圈。

年级群本来一直在互动，此刻，有人沉默，有人假装没看出来，有人替王蕾庆幸，捅孙荣：还好她不在，不知道。

不知道她过去暗恋的、现在仍留情的某人，表面再落落大方、彬彬有礼，对她、对她的生活，不喜欢就是不喜欢，没兴趣就是没兴趣，无论她做什么、晒什么，多迎合、多爱演，隔多少年，都不会变。

　

某年某月某日，我看了你一眼，并不深刻。怎知日子一久，你就三三两两懒懒幽幽，停在我心上。相信我们前世有约，于是今生我便遇见了你。我曾悄无声息的喜欢过你，友情之上，爱情未满。

后来的后来，依旧会想你

不是所有的记忆都美好，不是所有的人都值得记忆，岁月的河流太漫长，大部分的人与事都会被无情地冲走，但是，与青春有关的一切，总会沉淀到河底，成为不可磨灭的美好回忆。令我们念念不忘的，也许并不是那些事和人，而是我们逝去的梦想和激情。每段青春都会苍老，但我希望记忆里的你一直都好。

年少时的情谊就像洁白的栀子花一样纯净芳香。小县城一所高中，在二楼临河的窗里，住着八位女孩的友谊。

高一到高三，三年的时光，分分秒秒，点点滴滴，琐琐碎碎。有过矛盾，有过争吵，有过误会，到最后，总会握手言欢，流着泪大笑、拥抱。懵懵懂懂的青春年华，羞涩、疯狂，她们见证着彼此最美的成长。

宿舍前面的花坛里，美丽的栀子花，开了落了，落了开了。开开落落间时光就远了。那时候，下了晚自习，她们喜欢挤在阳台上，看楼下的栀子花。叽叽喳喳地，哪里是在看花，贪婪地闻着花香罢了。最浪漫最爱抒情的女孩说，这是青春的味道啊。爱看小说作文写得最好最有才华的女孩说，记住啊，花落香犹在，人走茶不凉。

"人走茶不凉"，这是她们之间的一个青春秘密。

在高三那样紧张严峻的形势下，她们躲过老班的火眼金睛，在城西的湖边聚会。她们对着湖水互相鼓励、唱歌、追逐嬉闹，可谁都不肯提别离的话题。当校园里开始纷纷照相留念的时候，她们不照，她们都在彼此的心里。

是那个年龄最小、最调皮的女孩最先搅乱了这一池伤感。她以最轻松幽默的方式说，电视里常有接头的暗号，咱们以后就以"人走茶不凉"来作为密语，好不好？没有人回答她好还是不好。只有年龄最大的女孩点了点她的脑袋，笑着说，我们又不是地下工作者。

然而，再聚会的时候，她们都不约而同地说出了调皮女孩的密语。即便在校园的路上相遇，她们都悄声说一句密语，那么谨慎认真，没有一点戏谑的味道。

在"人走茶不凉"的青春密语里，高考如期而至，离别也成了无奈而不得不正视的现实。八个人的世界，八个不同的人生和方向。六个人考上了六个不同城市的大学，两个人落了榜。从此，人生又开始在不同的航道上行进。

陌生的环境和同学，她们十分怀念栀子花一样芳香的中学时光。她们开始写信，在精美的信纸下方署上自己代号的那一刻，心里温暖极了，像是刚刚喝了一杯温热的茶。从年龄依次排开去，她们的代号是人走茶不凉1，人走茶不凉2……人走茶不凉8。

第一个假期来临，她们携着一路疲倦，却异常兴奋地奔赴昔日的校园，站在栽有栀子花的花坛边，诉说着往事和那段离别的时光。那时是冬天，栀子的枝上覆盖着洁白的雪花，宛若盛开的栀子花一样美。

当栀子花真正盛开的夏天，她们假期的聚会却不得不推延了。青春的世界是奇妙的、宽广无垠的，每个人都会拥有新生活，面对更博大和更精彩的人生。她假期要去做家教，她假期要去和同学旅游，而另外两个落榜的都在忙着工作。

后来的相聚就更难了。毕业了，忙着工作，忙着成家立业，忙着在红尘万丈里讨生活。相聚的时间从一年一聚改为两年一聚，到五年一会，又到十五年，时光越拉越长，感情越拉越淡，记忆越拉越模糊。见面突然变得客气了，聊天也只聊些表面的，就连以前最调皮的女孩也变得矜持而有礼貌。任谁也不曾提起青春年华意气风发时的青春密语和栀子花的幽香。

后来的后来，当她们两鬓渐生华发，青春早已不再的时候，她们开始在夜深人静时，一个人热烈地怀念青春。

　　"时过沧桑，人走茶凉，望月思乡已是昨日过往；物是人非，唯有泪千行。"她们年轻时妄想能改变的，到底抵不过时光之下的沧桑。可是，怀想起曾经的青春，似一杯散发着袅袅温香的绿茶，温暖着时光。青春远去了，青春的绿茶在心中却不曾凉。

　　一生经历一次的青春，目的只是听一次花开的声音，看一次花落的寂然，然后散场。毕业后，很多同学此生只会再见两次，他结婚和你结婚。我想了想身边的人，完全想不出这群一天到晚对着路人叫美女的神经病会长大会成熟会西装革履娶妻生子，也不知道我会以怎么样的语气说新婚快乐，只愿记忆里的你们都是最好的模样。原来青春真的是一本太仓促的书，来不及翻就没了。我们一起度过了青春，谁也不亏欠谁的，青春就是用来怀念的！

最好的时光遇见更好的彼此

我们不能第一时间分享彼此的快乐与不快乐。我们都有了新的生活。不同的环境，渐渐地不再联系。但空间的每一次更新，个签的每一个变动，都牵动着彼此的心。复刻青春的回忆，陪我牵手走过的路不会忘记！有一种感情，不再浓烈，却一直存在。

女孩外形再不精彩，都不妨碍她成长为好姑娘；男生不好看没关系，因为魅力只关乎印象，而好的印象，可以被创造。

高中时代，在午休时间或晚自修前，总能听见学校的广播响起。广播站有一男一女两个主播，我莫名地喜欢上那个男声。后来得知，那男声的主人，叫林小城。

为何会喜欢他，是因为他声音很糯，他娓娓道来的故事中夹杂的青春气息，还是他选配的歌曲正中下怀？我想过很多次，却仍旧说不清为什么。

就像青春期的一场恋慕，只要觉得喜欢，就悄然放在心底，不去追问缘由。以致当其他同学挑剔林小城播音时的絮叨，或者说他声音难听，我总会莫名生气，向他们投去不屑的眼神，抑或是，冲上前同他们争吵。

而他们往往用几句话，就让斗志昂扬的我瞬间蔫了下去。那句话是："你不服气吗？你知不知道他的缺点和你的雀斑一样多？"

在他们得意的笑声里，我常会飞奔回座位，将头深深埋下去，陷入沉默。是的，我有很多雀斑，并常常像那样被其他同学揶揄。那时的我，已经越来越自卑和孤单。

所以我经常是独来独往一个人：一个人吃饭，一个人在校园里漫步，也一个人看书写信，在僻静的角落跟自己对话谈心。

而那些时间里，我总能邂逅林小城。他一如既往地用磁性的声音，讲述他心之海洋的每一朵似浪花的故事，说着他的感悟，偶尔还有生活的点滴。而我也是在入迷的倾听中，获得心灵的抚慰，还有深深浅浅的感受。

就是那些充满青春和成长的酸涩甜美，让我深深地迷恋和依赖。时间一久，我想探看林小城"庐山真面目"的愿望也发酵得越来越强烈。

但想到自己长满雀斑的脸，我还是在主动去见他之前退缩了，退而求其次地选择了在校广播站播音室的门口，偷看他播音的场景。

他戴着大大的耳机，右手不时操作设备，左手则翻阅着提纲或材料，只是他最多的注意力，还是集中在面前的话筒上。他尽力让自己的声音低沉，富有感染力。

播音时的林小城很专注，也极具吸引力，我看着他，觉得一切那么美好。他就是用这种方式，让他的声音传遍了整个校园。蓦然听见他跟全校师生说再见，我打了一个激灵，立马拔腿准备逃走，他却飞快跑出来："嗨，你等一下！"

原来，他早发现我了。我极力掩饰着心中惊慌，回头冲他微笑。他也笑起来，我便看见了他像夜晚繁星一样稠密的青春痘。

和他并肩走在葱郁的校园里，我总是刻意低着头，唯恐他多看一眼我密密麻麻的雀斑，而他似乎并不在意，只是昂着头与我说笑，全然不顾他蓬勃的青春痘……

第二天的广播里，林小城聊了雀斑和青春痘等影响"面子"的问题。最后，他说了句十分温暖的话："女孩外形再不精彩，都不妨碍她成长为好姑娘；男生不好看没关系，因为魅力只关乎印象，而好的印象，可以被创造。"

那句话，让我长久以来的自卑一下子找到了出口，也让我明白了他在校园里意气风发的自信从何而来。只是我根本没有想到，林小城竟然会约我去他的播音室。

我坐在一旁，安静看他播音。他布满青春痘的侧脸因为专注，而愈加美好动人。他张合的双唇轻轻动着，却也充满了吸引力，让人不自觉地，就陷入了某种情绪。

播完音后，林小城顺手拉开手边的抽屉，让我看听众写给他的信。各种风格不同的笔迹，写着他们对他的恋慕和喜欢，而他笑着解释："其实，骂我的同学也不少，只不过，这些美好的鼓励，就足以让我觉得温暖和幸福了。"

而我，同样渴望被其他同学认可。那么，我是否也可以同林小城一样，用声音，给那些成长中的心灵带去滋润和呵护？当我试探着问林小城，他竟爽快答应了我！

我的播音生涯在林小城的悉心指导下，开始了。渐渐地，我也开始被一小撮同学喜欢。到后来，对播音的喜欢更甚，以至于填报高考志愿，我没怎么犹豫就选择了传媒学院播音系。

毕业后，班上同学告诉我，林小城当时是暗恋我，才肯让我加入广播站，而我却笑而不语。我承认，那些年里，我恋慕过他，他也给过我悸动，让那段青春变得无比美好。当然，他也用他的热心，教会了我如何悦纳自己，并勇敢去改变糟糕的现实。

直到现在，我都没有忘记林小城，没有忘记他曾长满青春痘却无比熟悉的脸。若能再遇见，我想对他说："林小城，谢谢你出现在我的青春，让我有幸，找到更完美的自己。"

　　假如有一天，你丢失了爱情，请打开你的双手，左手是过去，右手是未来，合在一起，中间的就是你自己的现在。你在一开一合中存在，所以又有什么悲哀，过去的总是一面，未来的才是另一面。请不要让右手孤单，生命没有太多的时间浪费在开合之间。过去了就把它合上，开始新的诗篇。

Part 03 励志篇
你若不勇敢，没人能替你坚强

我们都有绝望的时候。

只有在勇敢面对的时候，

我们才知道我们有多坚强。

你若不勇敢，没人能替你坚强

我们都有绝望的时候。只有在勇敢面对的时候，我们才知道我们有多坚强。好的坏的都学会了自己承担，见识了人生的残酷，也坚定了内心，怀揣着年轻时的一点欲望和憧憬，勇敢赶路，不负余生。勇敢的做自己，不要为任何人而改变。如果他们不能接受最差的你，也不配拥有最好的你。

我的第一份工作是在高二的暑假，在7-11当收银员，老实说，我并不怎么缺钱花，也不是要打着"体验生活""自强自立"的幌子来提早感受这个社会，我会这样折腾自己是为了一个"姑娘"，这"姑娘"是我逛街时偶遇的，她光芒四射，线条婀娜流畅，美得简直不可方物，夺目到令我移不开眼，从我看到她的第一眼起，我就知道，我必须得到她。

别误会，她是一条连衣裙——MiuMiu的当季新款，标价4000多。那时候的我刚刚对奢侈品有一点概念，在同龄人各种潜移默化的影响下，我也对它滋生出了最初的渴望。对还是高中生的我来说，这自然是一笔巨款，我不敢向爸妈张口，这才有了去兼职的想法。

然后，我遇到了一个真正的姑娘。

她大约是晚上10点进的店，那时候店里人很少，她长得很漂亮，自然很容易就注意到她。在我看来，她的高跟鞋一定让她很不舒服，因为她几乎是拖着地面在走，她的连衣裙有一种故作成熟的老气，衬着她疲乏的脸更加无精打采。她走到好炖区，从不多的选择中随便挑了几样，然后端着它朝收银台走去。

她又从收银台旁边的架子上取了一盒创可贴，用几不可闻的声音说："一起。"

　　我拿过扫描器飞快地给她结好账，然后目送她离开。

　　但她并没有出门。在7-11的入口处，通常有一块连接着收银台的空柜面，主要是拿来放微波炉以及给不带走的顾客吃东西用的，地方很狭窄，而且没有座位。那个女孩就在那里停了下来，她先是把好炖放在柜台上，然后撕开一个创可贴，单脚站立，另一只脚往上抬，她微微欠着身体，费力地把那张创可贴贴在她的脚后跟处，其间因为身体的失衡，她几度歪歪扭扭好像要倒下。等她终于重新站直，她才慢吞吞地拆开一次性筷子，背对着门口，开始一口一口吃她的好炖。她每一口都咬得很小，但吞咽时显得异常艰难，喉咙一抻一抻的，任谁看了都觉得吃得特别痛苦。偶尔有客人要用微波炉热东西，要她避闪，她就把碗整个端起来，往里面去一点，仍旧一言不发。

　　就在我仔细盯着她的时候，发生了一件让我大跌眼镜的事情。那个几乎已经被逼到角落里的女孩突然流下泪来，我清楚地看到眼泪从她黑色的眸子里流出来，淌过脸颊后，落进了盛着好炖的碗里，她就这样站在7-11的门口，在8月的风口里，就着自己的眼泪一口一口地、艰难地把那碗好炖吃完。这中间，她没有发出一丁点儿声音，就好像一部默片电影。

　　我想我会永远记得这个场景，一个美丽的女孩，在深夜10点的7-11便利店门口，流着眼泪吃着好炖。

　　直到很多年后，我毕业工作了，进了一家广告公司，初出象牙塔的我完全适应不了高强度的工作和严苛到变态的老板和客户，几度想崩溃大哭，却又不得不时刻提醒着自己，在这如狼似虎的职场，眼泪是多么廉价，于是就那样，怀着满腔的委屈，硬生生把眼泪吞下，咬着牙把一个个问题攻克。我突然就理解了多年前那个在7-11门口边吃边流泪的姑娘，理解了她全部的压力和无助，理解了她饿着肚子加班到10点只能吃一碗不再温热的好炖的自怜感。

　　那是每一个不甘被世俗和困境打败的女孩的缩影。

所幸，我们都懂得那个被说滥了的心灵鸡汤真理：你不勇敢，没人替你坚强。我想那个曾经在便利店门口哭泣的姑娘，现在一定健步如飞驰骋沙场，当年的艰辛只被当作励志故事的一部分轻轻带过。

而我，也是一样。

这个世界没有公正之处，你也永远得不到两全之计。若要自由，就得牺牲安全。若要闲散，就不能获得别人评价中的成就。若要愉悦，就无须计较身边人给予的态度。若要前行，就得离开你现在停留的地方。你生命中遇到的问题，都是为你量身定做的，你要勇敢面对。勇敢的花儿，只为梦想而开放。别让过去和那些无用的细节毁了你的现在。

你想要的是什么

你明知道蜷缩在床上感觉更温暖，但还是一早就起床；你明知道什么都不做比较轻松，但依旧选择追逐梦想。这就是生活，你必须坚持下去。从今天起，做一个简单的人。不沉溺幻想，不庸人自扰，不浪费时间，不沉迷过去，不恐惧将来。趁阳光正好，趁现在还年轻，去做的你想做的，去追逐你的梦想。

世间所有的选择，到最后其实都是五个字——你想要什么？

在大城市打拼还是回小城市过相对安逸的生活，这是一个近年来争论不休的问题。可是，它真的是一个大问题吗？

20世纪60年代，刘大任从中国台湾去美国求学，恰在柏克莱遭遇了自由言论运动风潮。最终，他与许多同龄人一样，成为"乌托邦的寻找者"。

尽管刘大任的左翼思维与我并不相投，但不妨碍我被其文章《柏克莱那几年》打动。这位如今已垂垂老矣的小说家写道："也正是直接参与运动的亲身体验，因'柏克莱人'而感染的'寻找乌托邦'旅程，接受了残酷考验，所有事业梦想全部报废，学位自动抛弃，人生大转弯，甚至对人性的本质产生了难以解决的怀疑，然而，直到今天，扪心自问，没有一丝一毫后悔。"

他还写道："对于今天十八九岁的大孩子，我还是可以问心无愧地说这句话，任何机缘，当乌托邦出现在你的人生轨道上时，即使玉石俱焚，也千万不要放弃。因为，人活着，不为这个，为了什么？"

他还提到了有名的《休伦港宣言》，开篇是那个著名的句子："我们这一代的人，孕育于至少是相当舒服的环境，被安置在各地的大学殿堂里，不安地看着我们继承的世界……"

这多像个预言，如今的中国年轻人，不也是身处一个至少相当舒服的环境，但又不安地看着这个世界吗？只是，比起那个风起云涌的大时代，如今的中国更加物质化，甚至使得许多年轻人不得不屈从于生活的压力。但反过来说，如今这种琐碎的物质化生活所遭遇的种种问题，在旧日的风起云涌面前也注定是小儿科。换言之，如果你是一个能为"寻找乌托邦"放弃一切的人，那么"大城市还是小城市"式的问题根本不值得一提。

大城市和小城市都有显而易见的优缺点：大城市生活丰富，工作机会多，如果是非体制内领域，相对更注重能力，尤其是在创意产业、科技产业等新兴领域，一定程度上形成了业务重于人际的氛围，缺点是生活成本高、工作压力人；小城市生活成本低，日子相对安逸，但工作机会少，又普遍是人情社会，办任何事都得靠关系，又因人际关系复杂，隐私空间常被侵犯。

这些优缺点并非绝对，往往会随着个体的特点而转化。比如在家办公的自由职业者，工作主要依靠网络传递，那么小城市的低房价就显得有诱惑力；但如果他又特别喜欢丰富的生活和多元化的资讯，那么大城市的高房价也不会阻挠他前行的脚步。

正如有人所说，世间所有的选择，到最后其实都是五个字——你想要什么？

许多过来人看到这句话，会不屑地说一句"too young too simple（很傻很天真）"，告诉你这种想法实在太不成熟了，因为许多事情不是想想就能实现的。他们会摆出各种大道理，列出一连串的"反面教材"，告诉你若不循规蹈矩，人生将会如何悲惨……可是，如果你连想想的勇气都没有，你又能实现什么？

在大城市和小城市的问题上，我的感情一直倾向于前者。当然，我并不是认为大城市一定比小城市好，更不是说年轻人必须选择大城市，毕竟每个人都有自己的活法。但必须承认的是，在这个选择中，天平从一开始就是倾斜的，前者的生存压力更大，也因此更需要勇气。而遵循内心的勇气，不但是我自己缺少的，也是我喜欢并尊重的。

对于逃离大城市的年轻人，我同样尊重，因为他们尝试过。对于选择小城市安逸生活的年轻人，我也并不反感，因为那也未必不是遵循内心的选择。我唯一不能认同的，是某些人对打拼者的嘲笑和他们庸俗化的论调。

我见过不少世俗眼光中的失败者，他们无一例外地遭遇了嘲笑。比如有人被迫从北上广回到家乡，就有一些这辈子未曾离开家乡的人嘲笑他在外面混不下去了，当然还少不了"早说过这条路走不通"之类的论调。还有一些人正在大城市里打拼，可逢年过节回到家乡，就会成为七大姑八大姨的谈资以及被训导的对象，告诫你生活应该安守本分，结婚生子再去考个公务员才是世界上唯一的人生标准。

我甚至认为，正是这群人的存在，才逼得许多年轻人背井离乡，宁愿在大城市孤独打拼，也绝不回去。

没错，大城市里有许多平凡的打拼者，终其一生也无法跻身于这个城市的上游，他们甚至买不起一套小房子，终日为温饱奔波。但谁有资格嘲笑他们呢？没有人。正如毛利在《普通女孩，就该滚出大城市？》中所写："为什么一定非要成功、出色，才能留在大城市？为什么女人不能像男人一样自由选择去留，她永远都该仰仗别人的意见生活吗？"

在中国人的人生选择中，女性比男性的空间更为狭窄，没在30岁前把自己嫁出去仿佛是一条死罪，结婚后没生出孩子来同样是死罪。

一个社会对女性的苛求与偏见，意味着整体价值观的缺陷。女性遭遇苛求，男性同样不会好过。认为女性留在小城市安于现状最好的七大姑八大姨，同样也是逼婚、逼考公务员的主力，她们的逼迫对象其实不分男女，这也许是小城市最让人窒息的一面。

我有一个朋友，不谙世事、不善交际，有一份稳定的工作和中等收入。与许多独生子女一样，她在父母的支持下买房买车，一个人住着140平方米的房子，每日按部就班地开车上下班，不知不觉已经年过三十。也是在30岁这一年，她放弃了这一切，选择北漂、租房、挤地铁……

当然有人会说她傻，可她比以前开心多了。她离开这个小城市的唯一理由是孤独，同时，她又不愿像长辈们所说的那样，随便找个人结婚生子，告别孤独——那样的话，也许会更孤独。

在某些人看来，这种孤独似乎有点矫情。他们还会搬出"适应社会"这一万能法则，告诉你这是你自身的问题，你要改变自己、释放自己，接触社会，就能有更广阔的圈子。可是，这个说法从根本上抹杀了人与人之间原本就具有的差异，忽略了人的个性。

价值观的差异也与身份、地位无关，即使都是高学历，即使都有体面的工作，但一个读哈耶克、萨义德和《古拉格群岛》的人，怎么可能和一个除了课本再没读过其他书的人有心灵上的契合呢？因为价值观而造成的孤独，无法因为自身的改变而缓解。而且，即使改变，也只能就高不就低，也就是说，你可以让自己变得更好，去适应别人的高度，但无法刻意拉低自己的智商，去迁就比自己更平庸的人。

在男权社会里，有较高文化素养和能力的女性，更容易在小城市里感受到这种孤独。工作没有挑战性，缺少有共同话题的朋友，找不到看得上眼的男人，还要因为没对象、不结婚和没生孩子这样的事情被当成异端，这已经不仅仅是孤独的问题，更关乎尊严的丧失。

所以，一个人越出色，小城市的面目就越可憎。别说那些内地封闭小城了，即使是东南沿海的富庶地区，即使距离港澳仅仅一两个小时的距离，小城市仍然只是小城市，你依然要忍受以下这些事情：同样的杂志和电影，比广州深圳迟一个多星期上市和上线；你还是得自己开着车跑去大城市看话剧和演唱会；如果你没考公务员，某些人更是会替你痛心疾首；即使是年轻人，也往往早早老去，坐下来就跟你谈赢在起跑线上的孩子经，见到育儿和养生讲座就像打了鸡血；许多你的同龄人，有着高学历和体面的工作，可家里没有一本书，你们永远找不到共同的话题；在事业上，你不能靠创意打动客户，跟人搂着肩膀，忍着满口酒气，称兄道弟干上几杯也许更管用……

有时，我甚至会有这样的错觉：能忍受这些，简直需要比在大城市打拼还要多万倍的勇气。当然，后来我明白了，这不是勇气，而是妥协和懦弱。大城市当然也存在这些问题，但你起码有躲开的机会，如果你有足够的能力，还可以主宰自己的生活。

我有一个朋友，他的故乡在一个内陆不发达省份的小城市，他曾说过这样一句话："我死也不会回去的，因为我不想在20多岁时看到自己60岁的样子。"因为，在那样的小城市里，除了公务员、国企、学校、医院之外，你几乎没有什么其他的选择。他用可以在老家买别墅的钱，供了一套北京的小房子，然后告诉我："房子再小，也是我买；路再难，也是我自己选的，这样的话，谁也没有借口来干涉我的生活。"

我知道，这就是勇气。它似乎可以回应某些人的另一种荒谬论调——年轻人选择大城市是一种逃避，比如逃避生活的责任和传宗接代的重任等。且不说年轻人选择大城市大多有理想和追求的因素，即使真的是逃避，我也建议持此论调的人先检讨一下自己：为什么人家甘愿放弃安逸，以孤身去大城市打拼的代价去逃避你和你所期盼的那些东西，是什么让你和你的期望比巨大的生活压力和激烈竞争更恐怖？

很多时候，我们都过早老去，然后定义生活。比如认为房子、车子和金钱就代表生活的全部，认为别人也应该这样想，否则就是不成熟、不知足，或是以过来人的姿态强调平庸的可贵，把"平庸"等同于"平淡"。可是，许多人未曾想过，你认为好的未必是别人想要的，我们把自己认为好的东西强加于人，未必是关怀，而是侵犯。这样的事，在这个国家随处可见，小城市似乎更明显一些，同时让人无处可躲，也无从辩驳。越是没有能力选择自己生活的人，越是庸碌无知的人，越喜欢嘲笑那些有勇气去承受压力的人。

不够现实的乌托邦，总会引来嘲笑。但是，如果你现在20多岁，你是希望看到一个乌托邦，还是看到自己60岁时的样子？

坚持梦想，不气馁不放弃。老天不给你困难，你又如何看透人心；老天不给你失败，你又如何发现身边的人是真是假；老天不给你孤独，你又如何反思自省；老天不给你生命中配上君子和小人，你又如何懂得提高智商！老天对我们每个人都是公平的，有人让你哭了，一定会有人让你笑。

哪怕再简单的事也持久地去做

　　这就是现在的你：三分钟热度没有毅力，做事情推三阻四懒惰大于决心，激励自己的话说了太多却说说就过，计划定的很完美却总是今天推到明天明天推到后天什么也没做，激起了奋斗意识准备好好学习却还没有坚持几天就放弃了，而且你还知道这样下去只会害了自己。可是你就是这样。喷泉之所以漂亮是因为她有了压力；瀑布之所以壮观是因为她没有了退路；水之所以能穿石是因为永远在坚持。人生亦是如此。

　　阿柔是我本科时的同学，她来自农村，身材高挑，长发披肩，笑起来眼睛很迷人。从小在城市长大的我，起初和她并没有什么共同话题。和她聊明星八卦时，她总是先使劲地点点头表示认同，然后用手捂着嘴，偷偷地追问："可是……他到底是谁啊？"和她聊未来环游世界的梦想时，她总是羡慕地注视着、支持着，仿佛一个小女孩隔着橱窗看到一件昂贵的嫁衣，喜欢，却清晰地知道那不会属于她。

　　终于有一天，阿柔目光坚定地对我说："将来毕业了，我想去上海闯荡，我想当一名口译员。"我嘴巴张得很大，难以置信地问她："你知道口译有多难吗？而且你……竟然想去上海？"其实，当时我本来想问的是：你知道上海的生活费有多高吗？打拼有多难吗？竞争有多激烈吗？实现梦想的代价有多大吗？……可是，我的问题并没有问出来，也不敢问出来，因为怕打击她的自信心和积极性。阿柔听了我的问题后，竟然非常爽朗地笑出声来："我当然知道啦，但还是想尝试一下。我现在就开始攒钱，攒3000元，毕业以后就去上海！"我心里为她发愁：一个农村女孩子只身一人去上海打拼，只带3000元，能不能坚持一个月？

后来的几年里，很少听到阿柔再提去上海的事了。我猜想，她可能只是随口说说。毕业后很久都没有跟阿柔联系，有一天，突然想起她来，发短信给她询问近况，她很快就回复了，只是简短的几个字："现在在上海啦！"看到这行字的时候，我怔住了……原来她不是随口说说。

后来阿柔跟我说，毕业以后，她做过临时的口译，给外企和出版社做过翻译，虽然时常觉得工作不尽如人意，但她始终朝着口译员的目标前行。她说她要把这个梦想像国家的"五年计划"一样不懈地经营下去。看到她的信息，我可以想象到她在打下这些字时脸上果敢坚毅的表情。虽然名字里有个"柔"字，阿柔却从不柔弱。相反，纵使背景平凡，起点较低，她也一直用毅力和耐性履行自己的承诺。

那之后，我们一直保持联系，我总是时不时看到阿柔的留言：

"下个月就要考口译证书了，真是紧张死了！"

"唉，没有考过，不过没关系，半年以后再战！"

"真是不好意思跟你说，这次又没考过，不过我会再尝试一次的！"

"又失败了，你说我是不是天生笨，可是我太想做口译员了，如果放弃的话，以后我可能会后悔，只能再尝试一次了。"

最近一次和阿柔联系时，她已经获得高级口译证书，在上海一家外贸金融公司做了她梦寐以求的口译员。虽然阿柔偶尔也会抱怨工作压力大、加班时间长等，但我能清晰地感受到她声音里的快乐。阿柔在大学里种下的梦想，在她不停尝试和近乎傻气的坚持中，完美地实现了。从开始攒3000元到现在的高级口译员，阿柔整整花了10年时间。

在"闪职族"（换工作如照相）与"液态族"（时刻想辞职，而且这一刻想做A工作，下一刻想做B工作）悄然成风的现代职场，人们跳槽越来越频繁，很多应届生的第一份工作甚至很难熬过半年。

我们恨不得在30岁到来之前就行遍世界各地、干遍各行各业。于是，不同的工作换了一个又一个，仿佛通过频繁跳槽，幸运的自己就一定能找到一个任务较轻、升职较快、薪水较高的"金饭碗"。可事实是，我们想做的事越来越多，能做的事越来越少；焦虑感越来越多，踏实感越来越少。到头来，却发现自己还像当年初入职场时那般懵懂无措。

　　人生要坚持将每个阶段的使命好好完成，然后再安然踏实地迈向下一个阶段。希望我们每个人都可以虔诚地遵循最简单的道理：将简单的事做持久，并一直"在路上"！

　　有些压力总是得自己扛过去，说出来就成了充满负能量的抱怨。寻求安慰也无济于事，还徒增了别人的烦恼。而当你独自走过艰难险阻，一定会感激当初一声不吭咬牙坚持着的自己。一件事只要你坚持得足够久，"坚持"就会慢慢变成"习惯"。原本需要费力去驱动的事情就成了家常便饭，原本下定决心才能开始的事情也变得理所当然。

别埋葬了你的梦想

梦想也许今天无法实现，明天也不能。重要的是，它在你心里。重要的是，你一直在努力。梦想是一个说出来就矫情的东西，它是生在暗地里的一颗种子，只有破土而出，拔节而长，终有一日开出花来，才能正大光明地让所有人都知道。在此之前，除了坚持，别无选择。

需要走一段人生路，才能够区分什么是"欲望"，什么是"梦想"。

欲望让人在选择之间备受煎熬，求神问卜，梦想却让人迈出一步，然后是第二步、第三步。

如果想区分你现在拥有的是梦想还是欲望，有悟性的你可能看了标题就能明白。

是安于现在的生活并且学着享受庸常，还是甘冒下坠的风险振翅飞往远方？

这是我最近经常看到的问题。说实话，我也觉得非常惊奇，竟然有那么多人觉得现实在一点点埋葬自己的梦想，同时又没有足够的勇气跨出一步。每次说到看不到的山那头，海的那一端，总有无数颗小心在各个地方黯然破碎。仿佛一夜之间经过了四十个星球，却没有一个星球上能种出玫瑰花来。

人们写信来，索要帮助和建议。但是我又能做什么呢？我的人生是我的人生，我的经验是我的经验，未必对你有用。况且，我安于这样的生活，命运如此安排，而换作别人，怕是不能把这其中的一日当作清凉无梦的午后安睡。我们习惯于看到各种甜睡的面孔，却少有人上前掀起床单来，看到下面密密麻麻的钉子。或者是像张爱玲说过的那样，在这一袭华美的袤衣下欣赏挤挨挨的虱子。答案我们都知道：睡在哪里，都是睡在雨里。只是所有人都顽固地坚持认为，在这个世界的某个角落里，会有属于自己的屋檐下的一张小床。

那些写成功学的人会告诉你一个单词：选择成本。在A和B之间漫长而痛苦地选择，浪费的是宝贵的时间。选择本身并没有对错，然而犹豫却会让一切慢慢成灰。传统智慧在纸张和口头上一直流传着冰冷冷的劝诫：心比天高，命比纸薄。让人打消一切妄念，老老实实过自己的小日子。可是，可是远方就在那里，在太阳落下的山背后，在桅杆消失的地平线深处。传说飘来飘去，有人的确远走高飞，而且并没有死无葬身之地。

我想，无论是过哪一种人生，都有各自的理由，背后也有种种不得已。问题仅仅在于我们把生活当作了手中的那个苹果，我们总是把光鲜靓丽的一面示人，自己永远面对着有虫洞的那一面。所以，总的看下来别人手里的苹果总要更好些，却少有人去想别人很可能面对了一条更肥大壮硕的虫子。佛教里把这种视角称之为平常心，可惜拥有这种视角的人总是少之又少。

应该承认，这是一种困苦，一种磨难。谁都年轻过，所以谁都心比天高过，但是未必每个人都曾经飞过。每天的生活里，都可以看到许多振翅高飞的故事，以至于让现实变得更加让人难以忍耐。有必要做一次全民性的概率论普及，告诉所有人那些值得上报章电视的例子全都是特例，在每一双翱翔云团的羽翼之下，都有无数累累白骨，得到的没有阳光，只有遗忘。在保持目光向上的同时，应该了解大数平均的铁律——绝大多数人必须要过着庸常的生活，这是所有人所无法逃避的命运。

唯一的问题是不曾有人赞扬，去赞扬一个每天下班骑车买菜的丈夫，一个每夜给孩子讲睡前故事的母亲，一个愿意寸步不离、膝下承欢的儿子，一个在沙发上陪伴父母看韩剧削水果的女儿。媒体在赞扬成功者，在开列财富榜单，把最多的时间和最大的荣耀给了最少的人。让人觉得买菜讲故事全无价值，必须出人头地、衣锦还乡一生才没有虚度。要去讲冒险的故事，讲远走高飞的故事，讲所有关于远方闪闪发光的故事，才有人要去听。

　　所有这些故事里永远不会问一个问题：你是谁？太多人觉得自己不应该过目前的生活，但是又有多少人愿意为些微的改变而付出丝毫代价？只要是个人都会说：我要按照我自己的心意生活。但是，你又能为你的意愿支付多少成本？这还不用说到遥远的未来，遥远的某地，只是说你在这一时，这一地，你愿意为了你的梦想不计成败利钝做了点什么？飞翔是一种能力，在振翅远飞前你得证明自己能够浮在空气里。

　　需要走一段人生路，才能够区分什么是"欲望"，什么是"梦想"。欲望会在清晨醒来之后的沐浴中消散，在目睹摩天大厦、宝马香车时重新升起。而梦想却在你走出几步被击倒之后，依然照耀在面前，让你咬牙含泪却依然翻身爬起，继续追逐。欲望让人觉得自己很重要，而梦想却让自己变得很轻很轻，轻到采取任何举措都不会犹豫再三。欲望让人在选择之间备受煎熬，求神问卜，梦想却让人迈出一步，然后是第二步、第三步。

　　如果只是拥有欲望而无梦想，最合理的方式是熄灭它。与其满足它们的全部，不如克服其中之一。只有欲望才会构成选择题，所以任何一个选项之下都有你的欲火熊熊燃烧，让人倍觉煎熬。如果认为自己胸怀梦想，那么就从心念一动就去做证明题，证明你愿意为此承担后果，证明你有这个能力把空想变成现实。

　　绝大多数人，绝大多数时候，人都只能靠自己。没什么背景，没遇到什么贵人，也没读什么好学校，这些都不碍事。关键是，你决心要走哪条路，想成为什么样的人，准备怎样对自己的懒惰下黑手。向前走，相信梦想并坚持。只有这样，你才有机会自我证明，找到你想要的尊严。

梦想有一天也会光芒四射

一个人的闯荡，有时候也会疲惫，也会迷茫，但只要心怀梦想，就会让心发出耀眼光芒。不要辜负时光，以及你对梦想的憧憬。成就你自己，岁月会变得更加真实而美丽。你努力了，才有资格说自己运气不好！时间，抓起了就是黄金，虚度了就是流水；书，看了就是知识，没看就是废纸；理想，努力了才叫梦想，放弃了那只是妄想。努力，虽然未必会收获，但放弃，就一定一无所获。再好的机会，也要靠人把握，而努力至关重要。

2005年毕业后，我只身漂到了广州，在广州先后找过几份工作，都收获了。就这样，时间在不经意间悄悄地溜走了。

一次去丽江的旅行过程中，我认识了一堆五湖四海的好姐妹。看到她们优哉游哉的生活，我真是羡慕嫉妒恨。为什么我就不能改变自己的生活方式，改变自己的生活轨迹呢？不如，我也经营个小客栈吧。

第二天，我就忙活起来。找客栈转让的信息、算简单的投资预算、找有经验的朋友讨论……就这样，两度丽江广州来回之后，我结束了在广州4年多的漂泊，开始寻觅自己脑海中深藏的那个梦。但是丽江严重商业化，谈来谈去，都未能如意。院子软件硬件都不错的，价格太高，无法承受；价格适中的，却是自己百般不满意；自己喜欢，价格也相对满意的，房东又在签约之前百般刁难。几个回合下来，我已经在丽江待了小半年。最后索性住进结识的好朋友的院子，义务当起了二掌柜，忙里忙外，不亦乐乎，也算是学到了第一手经验。

2008年年底，在姐妹的推荐之下，我暂别了艳丽的丽江，颠簸到了当时大理很不知名的小渔村——双廊镇。开始走街串巷，和洱海边院落的主人聊天，最后瞄准了一个院子。就这样，以每年5万元的租金，且是年付的优越条件，我签下了合同。签完合同才是正式开始的第一步，接下来就是做成本预算了。我跑到银行，一张一张查询自己的银行卡，算来算去，心里还是有点凉：我就那么30万元，离预算的初始资金50万元还是差了一大截。

我忍不住打电话给爸爸，说明情况后还不忘补充一句："老爸，万一我失败了怎么办？"爸爸一本正经地说："去做吧，丫头，我们尽量帮你筹钱，失败了，家里还有三分地，养你也该够了。"通完电话，泪水就从眼角吧嗒吧嗒地掉了下来。对了，还得感谢一个朋友，我的闺密，她在物质和精神上都狠狠地支持了我一把。就这样，"晴天"小工地热火朝天地开始了。

第一件事就是买足够的装修和建筑材料。凌晨6点半，我就开始在双廊街上等待第一趟班车，有些饿，看到前面的小吃店刚刚亮灯，我赶紧走过去，准备吃一碗美味的米线，要知道，从双廊颠簸到下关，有将近2小时的车程。米线刚送嘴边，车就到了，我又赶忙放下米线，跑去坐车。买东西真不是件好差事，除了付钱时心疼，还有讨价还价的辛苦，然后就是点货、装车、埋单、跟车回工地、找人搬运。第一次就这么生生折腾了十几个小时，看着堆成小山一样的材料，我的装修工程就这么拉开了序幕。没有专业的设计团队，就按自己的方式来打造自己喜欢的空间，看各种家居庭院装修的书籍，上网查各种好院子的设计图案，再根据自己的需要进行改造；没有专业的装修队伍，就从双廊建筑工人那里拉了支队伍。

装修是个煎熬的过程，其间很累，很苦，很多委屈，跟建材商磨，跟包工头磨，跟自己的内心磨，很多时候，梦里梦外，都是装修。漫长的8个月装修生涯总算过去，没有专业的设计师，没有专业的装修团队，只有我自己和一大堆身边至亲的人、至亲的朋友在帮助和鼓励。

2009年的圣诞节，随着一帮朋友放着鞭炮，提着柴火（财），捏着红包，"晴天"总算开张了。一年运行下来，晴天的效益总体不错，大多数都是朋友推荐自己的朋友来光顾，很多也都成为很好的朋友。回收成本当然没有这么快，预计得三年，不管最后的经济效益如何，我都不后悔这个决定，不是一时冲动，而是经过深思熟虑，而且认为我能为我选择的这条人生路负责，最起码我赚了这些年舒适又健康的生活。

我想对即将去实现梦想的人说：我想我并不是一个出租房间的商人，我在出售我自己的一种生活方式，可选择的一种生活方式。这种生活，唾手可得，只要你，拥有足够的勇气，够独立，有担当，沉淀越来越豁达的心态，我想，不管在世界的任何角落，你都可以面朝大海，春暖花开。

在没人知道自己的付出时，不去表白；在没人懂自己价值的时候，不能炫耀；在没人理解自己的志趣时，不要困惑。活着自己的执着，活着自己的单纯，活着自己的痴醉，活着自己美丽的梦想。如果你想要什么，那就勇敢地去追求，不要管别人是怎么想的，因为这就是实现梦想的方式。

朝着梦想奋力奔跑

我们都有自己的时光机。带我们回到过去的，叫回忆。带我们前往未来的，叫梦想。没有一颗心会因为追求梦想而受伤，当你真心想要某样东西时，整个宇宙都会联合起来帮你完成。生命短暂，活出你的梦想，用你的激情感染他人。

他出生于福建省长乐市，12岁开始远离父母，随亲戚到美国读书。为了生活，他边上学边打工，先后做过餐3厅服务生、卖过净水器、汽车、皮肤保养品、电话卡、巧克力批发、邮购等18项工作，但都以失败而告终。到21岁时，他的存款还是零。他着急了，怎么办？难道成功的梦想离自己很遥远吗？

后来一个偶然的机会，他听说成功学大师安东尼·罗宾即将在他所有的城市开培训班，他赶紧报了名，东拼西凑才交上这费。他希望能通过这次培训改变命运，可开堂第一课"走火"让他傻眼了。

所谓走火，就是在17米长的地上铺着烧得旺旺的木炭，炭火上方铺着一块被火烤得很烫的铁板，参加培训的600多人全部脱掉鞋袜，每个人都必须赤着脚从铁板上走过去，否则就是失败。

烈火、铁板、赤脚……他联想到了烤肉架上的肉，心里充满了恐惧。他想，天啊，我可不能排第一号，万一排第一号走过去，我1.77米的身高在炭火里变成1.57米，双脚不见了，怎么跟父母交代。内心充满了恐惧的他从前排偷偷跑中间，又从中间偷偷跑到后排，观察走过火的人脚有没有受伤。当发现走过的人居然都安然无恙时，他紧绷的神经总算松弛了下来，他想别人行，那我也一定行！

正在他已经建立了信心时，突然发现前面女学员的双腿在发抖，她一发抖，他建立的信心顷刻间又崩溃了，他的双腿也不由自主地跟着颤抖了，心里说完蛋了，肯定要变成1.57米了。

正在他和那位女学员抖成一团时，旁边的助教喊了一声"下去"，就把那个女学员推入了"火坑"，身处火阵只能进不能退的女学员不得不往前飞奔，走完后居然没有受伤！见此，他的腿总算抖得不那么厉害了，但他还是没有勇气迈出第一步，他想退出。可如果退出，不但亏了学费，没有增强自信，反而更增加了恐惧感。

见他迟迟不动，已经走过一群美国女学员嘲笑他："中国男人真没用！"

这句话让他热血上涌，"豁出去了，大不了变成1.57米！"他冲出火阵中，快速跑了过去，居然也没有受伤，这下，他不怕了，还主动跟助教讲，我再走一次！他接连走了几次，安然无恙，看得其他学员瞠目结舌。

这时，助教说话了，他说：很多事情看起来很困难，几乎是不可能的，可是一旦你下定决心的时候，它立刻就变得非常非常的简单了。

这件事也让他明白一个真理：如果你想成功的话，那么，做的第一件事就是明确目标，抛去所有的顾虑和犹豫，让所向披靡、无往不胜的激情充盈你的身体。

心里开窍了，他很快就进入了角色，开始对自己疯狂的训练。

每天开车去培训的路上，他一心二用，边开车边对着后视镜"喋喋不休"地大声演讲，以致和他擦身而过司机都好奇地向他张望。等红灯的时候，他则更疯狂地对着镜子全神贯注地高声演说，绿灯亮了也浑然不觉，后面的车只好用此起彼伏的汽笛声惊醒他。晚上回到家后，随便填一下肚子，他便站在镜子前一练习就是三四个小时，他的生活状态就像演讲一样，每时每刻都保持着激情与活力，每个地方，都是他的讲台，这使他的个人特长、天分获得了真正的释放。

25岁，他成立了自己的研究训练机构，最初办公室非常小，公司连复印机都没有，吃的是炸酱面和白土司。但短短两年之后，他的演讲场场爆满，学员遍布世界各地，人们争相收藏他的著作、录音、课程内容，其独特的魅力和智慧，激励了无数人奋发向上，突破瓶颈，实现成功致富。他每小时演讲费高达1万美元，他用两年时间让自己成了亿万富翁。

他是就全球最顶尖的演说家之一陈安之，被公认为当今国际上继卡耐基之后的第四代励志成功学大师，也是世界华人中唯一一位国际级励志成功学大师。他被千万人尊称为"能改变命运的激励大师！"他的书籍长时间畅销不衰，《21世纪超级成功学》《自己就是一座宝藏》堪称当今成功学方法论的典范。陈安之的故事听起来似乎是一个奇迹，但这个奇迹确确实实发生了。是什么创造了奇迹？他说，小时候寄信，每次都把邮票贴在信封的右上方，特别清晰醒目。想成功一定要有梦想，把梦想贴在人生的右上方，明确，醒目，让它时刻来提醒你。只要你有梦想，只要你想成功，并且一定要，同时持续采取同样的行动，一定要以得到成功。

亲爱的，你要加油！不要因为没有掌声，而丢掉自己的梦想。没有谁的成功都是一蹴而就的，你受的委屈，摔的伤痕，背的冷眼，别人都有过，他们身上有光，是因为扛下了黑暗。生活给了一个人多少磨难，日后必会还给他多少幸运，为梦想颠簸的人有很多，不差你一个，但如果坚持到最后，你就是唯一。

你有什么理由不去努力

你过得太闲，才有时间执着在无意义的事情上，才有时间无病呻吟所谓痛苦。你看那些忙碌的人，他们的时间都花在努力上。你不得不逼着自己更优秀，因为身后许多贱人等着看你的笑话。所以要对自己狠一点，逼自己努力，再过五年你将会感谢今天发狠的自己、恨透今天懒惰自卑的自己。愿你在薄情的世界里深情地活着。

在我的微博上，有一个名叫"每天打鸡血"的分类，开微博三四年的时间，我每天不管多忙多累，都会刷一次这个分类上所关注之人的更新。到目前为止，我微博上关注了近千人，但这个分类里最多的时候，也只有五个人，在这五人之中，又只有一个人是我几年里从来没有间断关注的，她就是专栏作家、北京交通广播电台的主播麻宁。相比那些明星大佬，她没有那么风光，但也因为如此，她让我体会到了作为一个普通白领应该有怎样美好的生活状态，她的日常生活距离我们如此之近，以至于每个人都可以学习。

她出生在河南郑州，本科在中国传媒大学读的播音主持专业，因每年成绩都是第一，顺利地被保送到北京大学攻读研究生，毕业后，做了北京交通台的主播。很多人说，优秀是一种习惯，在她这里，算是有了很好的注解，学习上如此优秀的她，更是生活的好手。

给我印象最深的是今年她写的一条微博，她这样写道："为了充分利用时间坐着晚上十一点五十五分的红眼航班回来，一夜没睡。今明两天上直播，同时还要在31日之前完成这么多事……但是居然只用了一天就基本都做完了！剩下的两件事也都会在一天之内完成，我真是太感谢自己没有拖延症！"

她所谓的"只用一天的时间都做完的事情"包括：完成《时尚新娘》的专栏、《年轻人》的专栏、物业费、车险、送干洗、给爸爸打电话、拷照片、提供父亲节采访资料；"剩下的两件事"是办签证和《女友》专栏。

所有看过麻宁照片的人都会觉得她好美，那种美不是五官有多么妥帖，身材有多么棒，而是她的脸上没有一丝懈怠、一丝无趣，整日都是神采飞扬的。她有一双感染人的眼睛，让每个人都愿意和她一起，成为更好的自己。没错，精进的人都挺快乐的。

我有一位"忘年交"前辈，他叫周智琛，媒体圈的人应该都知道这个名字——国内最年轻的社长。

1980年出生于福建泉州，2003年7月毕业于华侨大学中文系，毕业之后，通过各种招聘和考试，进入南方报业传媒集团；2006年3月，不到26岁的他，离开南方报业，出任东莞日报社执行总编辑；28岁创办《东莞时报》；2011年8月，到云南《都市时报》出任社长、总编辑，时年31岁。

对很多人而言，22岁到28岁这6年，是人生的黄金阶段，这几年中你的努力程度，会直接决定你的中年和老年，将会以一种怎样的状态度过。我想周智琛是深谙这个常识的。2011年，我有机会参加他举办的首届"都市时报"青年记者训练营。虽然我早前就听到过关于他的故事，但是当我真正和他接触起来，才知道了他之所以成为他的理由。

白天时，他的办公室很少开着门，他要去参加这个会议、那个活动，他算过一天辗转三四个场合是常事儿。你如果想要找他，最好是在晚上十点半之后，八九点是他最忙的时候，他要签版。十点半之后，如果有同事来访，他便泡壶清茶，和他们聊天谈心；如果没事儿，他便关起门来读书，他的办公室里有很多好书，大部分他都读过；他晚上很少回家，基本都是在办公室的沙发上睡。他经常在飞机登机时间结束的前几分钟，才能到达机场；有时，在办公室吃顿有红烧肉的外卖，都要在朋友圈里炫耀一下。他完全没有一个报社社长的架子，他的吃穿住行都是围绕着工作进行，怎样方便工作，就怎样做，好多次早上我去办公室时，在楼道里遇到他，他都是头发直立，脸都没洗。

他说："我这个人有个小习惯，闲下来的时候会找出以前的照片，看他的眼神，看他的脸相，你会发现有一阵子你的状态非常好，眼神会比较清澈、平和，有一阵子又会比较涣散，眼神就比较乖戾。从眼睛里是可以看出东西的，相由心生。这也是我一个绝不会放弃努力的原因，我希望我整个人都能由内而外有种号召力，感染我的同事。"

我相信他每一天的"挑战自己工作极限"的努力，便是他成为周智琛，而不是三四十岁还在做"媒体民工"的普通记者的原因。

人有很多本性难改的东西，比如只有当失败、不如意时，才会放眼观光周围的人事，而当生活如常、平静如水时，总是混混沌沌，每日上班、下班而不再去反思当下的自己能否做得更好。

有数据显示，玩微博的人中，有一半以上是月工资3000元以下的普通白领和身无分文的学生。倒不是说微博不好，而是倘若一个人花费很多时间刷新微博、沉浸于微博的各种段子时，也就意味着很可能这部分时间没有得到高效率的利用。

我有一个理论——"低端的人"都偏爱输入（输入：每天花很多的时间去吸收各种信息），而"高端的人"更偏爱输出（输出：把自己的思想和所收获的传递出去），因为输出比输入要累很多，它多了一个反刍、咀嚼和表达的过程。

前几天，我看到一个懒散惯了的朋友，给自己定了一个新的目标：每天在"知乎"上回答三个问题，周遭的朋友都恨不得给他点32个赞。不管目标大小，只要我们不荒废时间在长时间的睡觉、整夜的打游戏和数个小时的聊天中，我们就都能感受到善用时间和努力的力量。

所以，每当无所事事的时候，你可以在心里默念一遍"除了你，其他人都挺努力的"，我相信，你立马就可以找到要做的事情。对我来说，还挺管用的，希望你也是。

　　讨厌自己明明不甘平凡，却又不好好努力。人生最可悲的事情，莫过于胸怀大志，却又虚度光阴。觉得自己不够聪明，但干事总爱拖延；觉得自己学历不漂亮，可又没利用业余继续充电；对自己不满意，但自我安慰今天好好玩明天再努力。既然知道路远，那明天开始就要早点出发。你所做的一切努力并不会立即给你想要的一切，但可以让你逐渐成为你想成为的那一种人。

你一直都是最好的

　　顺着自己的心意而活，就是最好的生活。人生真正属于自己的时光不多，多数时光里，我们不是在羡慕别人的生活就是在克隆别人的生活。追求别人的生活，成为我们的人生目标。一生中最美好的时光，只为了满足心中的虚荣。其实，真正的幸福，不是活成别人那样，而是能够按照自己的意愿去生活。

　　如果问我，现在最需要相信的事情是什么。我觉得，太多励志的话语都是虚妄。唯一要相信认定的，只是这样一句话：不要为那年的青春哭泣，最好的自己你还没有遇到。

　　如果说有什么需要庆幸，那就是我从来不害怕变老，我害怕的是自己配不上如今的年龄。

　　作为女人，别的都不可怕，最怕的是死都要抓住青春的尾巴，不愿面对。

　　我从来不觉得最好的年纪是十八九岁。

　　或许那是很多人眼里最好的年华，洛丽塔一样晶莹紧绷的小肉体，不管穿什么都好看。然而，于我来说，那是一个女人最美好却不自知的年龄。

　　彷徨的、难过的、不自信的、不敢抬头挺胸走路、不敢抓住最想要的自己，任由那些误会错过，伤了彼此。一道道伤痕下，逼着自己丢弃曾经的自己，根本不知道自己有多美丽。

　　要经历多少，一个女人才开始懂得自己其实值得获得太多嘉许。要流过多少眼泪，一个女人才明白那些抛弃和分离并不是因为自己不够好。

你若说，再没有那么美丽的自己，最美丽的岁月再也不会回来，一定是还没有看到如今的自己成长了多少，又或是你沉湎于以往的过错中不肯好好珍视自己。

闺密今天跟我感叹，没想到，十年之后，最美最霸气的是曾经的那个小丫鬟。她不再是那个借由《手机》里的暴露镜头上位的姑娘了，所有人也不再说她张扬跋扈狐媚相。娱乐圈向来不缺貌美又有金主捧的姑娘，她能成为今天的范爷，让我想到了曾经的李嘉欣。她们都是亦舒笔下的刘印子，不是不懂怎样才能讨好别人，只是更懂得怎样去讨好自己。

生得惊为天人算什么？二十年后，有人成了村妇，有人成了女王。

你若不相信时光，那么首先被时光辜负的就是你自己。

我们在一起，从来不多去回忆当年的青涩面容。因为，我们都相信，最美好的岁月才刚刚开始。

以前觉得，岁月啊，人生啊，貌似好多期望好多盼望，却没有一样可以握在自己手上。

慢慢地，慢慢地，摊开手掌再不是空无一物，虽然失去很多，但终归是有所得。

时常在电影院看到穿着得体的中年女子，相约看一场喜欢的电影。那眼角眉梢里难免会有些落寞，然而那浑身散发的笃定，那一身名牌也无法掩盖压垮的气场，令人欢喜。那欢喜远胜过看到那些花枝招展却透着浮萍气息的年轻女子。

也许到了那个年龄，有太多憾事，太多身不由己，太多无法更改，可是更美好的事，是终于摸到了淡定和释怀的尾巴。

就像我喜欢现在这个年龄的袁莉，就像我喜欢现在这个年龄的林志玲，就像我喜欢现在这个年龄的范冰冰。

对自己的美丽有一种笃定，无须外人赞赏或是贬斥。更美丽的自己，就握在你自己手上。

管她十八九岁的时候是不是比你美丽，天知道，十年后，谁才是最美丽的人。

不管你是王子，还是白马，我一定坚持等待遇见更好的自己，也一定不会拿自己的运气去换一个王子。

这世界，你最珍贵。

有男人跟我说，看到几个老娘们在一起玩觉得特别寂寥，打发日子而已。他不知道，对我来说，最好的人生就是，我们有一天都能有运气有闲有钱，一起笑着打发那时光。只不过，我不稀罕辩白，我也不稀罕谁能懂。

我期盼看到为人妻为人母的你们。我期盼我们成为一棵棵开花的树。我期盼我们成为那个男人心里最敬重的女子。我期盼我们有一天理直气壮浪费时光为了快乐。

我不相信皱纹可以压倒美丽。我不相信时光真的吞噬美好。我不相信时光增添的只有怨气。我不相信琐碎会带走所有的智慧。

最好的年龄是，那一天，你终于知道并且坚信自己有多好，不是虚张，不是夸浮，不是众人捧，是内心明明澈澈知道：是的，我就是这么好。

不要着急，最好的总会在最不经意的时候出现。那我们要做的就是：怀揣希望去努力，静待美好的出现。一个人的状态挺好的，想看书了就看书，累了就睡觉，不想联系谁就自己安静一阵，出去旅行或是宅在家。对爱情最好还是保持点儿洁癖，不要随便开始，不要急着妥协，真正值得的东西都不会那么轻易。生活当中总有一段路是需要你独自前行的，人首先应该活的安静一点，你若盛开，蝴蝶自来。

用尽全力活出最好的自己

　　我们很在乎自己拥有的东西，一旦拥有就舍不得放下。其实你的拥有只是短暂的，那些东西即使再好，和你再密不可分，到最后都会离你而去。所以对待过去，不要过多的追悔，失去的都是永远；对待现在，不要过分的吝啬，付出才是一种最好的拥有；对于未来，不要过量的奢望，属于你的，都在你将要走的路上。

　　昨天和H聊天，她开心地说，我们住进新房子啦！特意拍照给我看，书房的照片墙里有我们大学宿舍的合照，窗台上一排绿植在明媚阳光下仍然青翠好看。

　　大学时，H的床铺在我的对面。她不止一次地跟我说，我一定要在毕业后两年之内让我爸妈住上新房子。我一直以为她只是说说而已，因为那时候哈尔滨的房价就已经很高了，刚入职普通本科毕业生的工资对于首付来说简直是杯水车薪。

　　没想到两年后，她竟真的完成了自己的承诺。

　　H的父亲在她初中时得了脑梗塞瘫痪在床，花了很多钱治疗，她母亲没有工作，原本便是低保户的家境更加雪上加霜。父亲刚生病时，她有一个星期没去上学，回去之后发现班主任召集全班同学给她捐了款。正好隔天开家长会，H上台发言，说了很多个谢谢，然后把那些钱全都退了回去，我不知道当时年仅15岁的她说了些什么话，只知她说完之后台下很多大人落了泪。

　　H说，从那之后她没再花过父母的钱。她从重点中学转到了普通中学，因为那所学校不仅不收她学费还给了挺高的奖学金。上大学她申请了助学贷款，并且无时无刻不在打工。从每小时30元的家教到自己做各种各样的小生意。

当然了，做这些也没耽误她当学生会副主席，是全院600多个学生人人钦佩的"厉害的人"。她简直做任何事都任劳任怨，毕业前夕院里办毕业晚会，她熬了好几个通宵剪辑视频，一点一点地做字幕，视频播放时那么多人感动流泪，她也坐在台下安静地看，但知道她辛劳的却没几个人，她也不会说。

我和她住在一起那么久，眼看着她过得如此拼命和辛苦，却没听过她一句怨言。她只是偶尔会说，其实我也羡慕你们能无忧无虑地长大啊，但是没办法，我有责任。所以她大学4年，不仅没向父母要过一分钱生活费，还每年过年交给他们几千块。工作之后在房地产公司上班，每逢开盘便加班累到团团转。为了早点攒够钱买房子，她跟我描述的生活是"一分钱掰成三瓣花"。如今她的工资应该已经挺高了，但仍然穿最朴素最便宜的衣服，仍然攒钱给爸妈买最好的东西。

今年"五一"，我们小聚，我讲起我最喜欢的电影《百万美元宝贝》里的一段。热爱拳击的女主角拿到了艰苦比赛的高额奖金，没有给自己买任何礼物，而是给妈妈买了新房子。没想到站在开阔明亮的新客厅里，她妈妈环视四周，气急败坏地说，你知不知道有了房子我就拿不到政府的低保补助了！她拿着钥匙的手颤抖了几下，原本期待欣喜的表情从黯淡褪变成绝望。

我跟H说，我看这一段的时候总是想起你，当然了，后半段不符合。H大笑，后半段也符合，有了新房子我们家现在也拿不到低保补助了，除非我从户口本上独立出去，因为房产证是我的名字啊，哈哈。

她一定不知道，在我苍白贫瘠的生活背后，因为她，因为她爽朗的笑声和弱小但蕴藏着巨大能量的背影，我竟凭空多了不知多少勇气。

实际上，我还有好几个舍友，和H一样又坚强又磊落。一个是家产过亿但低调谦逊、美丽又温柔、大扫除时抢着刷厕所的富二代姑娘，一个是春夏秋冬四季都每天五点半起床或锻炼或学习、连续三年获得校女篮冠军的勤奋小姐，还有一个是自学日语一年通过了二级、在上海过得金光闪闪的灿烂女孩。而在我如今的研究生女同学里，有人是《一站到底》某一期的站神，有人拿到了第一年便年薪20万元的工作Offer，有人开了自己的公司，有人25岁便博士毕业。

没有名校光环，没有倾城容貌，也没有只手遮天的父亲。唯一的那个富二代姑娘也从不任性炫耀，为了出国拼命咬牙复习雅思和托福，丢失爱情时眼泪一颗一颗砸在他发的短信上，同样的苦痛难堪。她们在自己选择的道路上踽踽独行，一步一步前往那个最想去的终点。在如此芸芸众生中，她们都是那么普通的人，却用尽全力活出了最好的自己。

我在她们身边度过了成年之后最重要的时光。看着她们实习时起早贪黑、在寒冬大雪的公交车站下瑟瑟发抖；看着她们写论文时殚精竭虑、在浩如烟海的文献中一步一步攀爬；看着她们工作后兢兢业业，在偌大的城市里找到微弱但温暖的光芒。

我不喜欢那次聚餐，几个同事评论某行女客户经理"付出了很多"终于成了支行副行长。一派烟雾缭绕中，他们读书时的意气风发一点点消失殆尽，炯炯目光也被难以掩饰的啤酒肚代替。他们讪笑着，交换着怀疑和嘲弄的眼神说，不知"多"到什么程度。而只有我悲哀地在心底发出感叹，不管传言是真是假，为何男生被破格晋升时掌声一片，而女生便要承受流言蜚语和质疑指责。

相比起来，我更欣赏身边的这些女孩们对校园对职场对生活的态度。她们在"剩女"被津津乐道的世界里坚持着宁缺毋滥的法则，毕业经年仍然保持着清澈的眼眸；她们在女博士被称为"第三性"的时代里守护着做学问的纯良，对枯燥无味没有尽头的学术生活保持着最初的热情。她们似乎天生具备一种独特的韧性，在荆棘遍地的大环境里既不呼天抢地也不故步自封，积极适应着种种残酷的法则，然后在孤独又狭窄的夹缝里倔强地成长着，直至幼弱的蓓蕾终于绽放出幽芳的香气。

我也不喜欢一个老气横秋的同学每每带着怨气絮叨："这个国家坏掉了……"相比起来，我更喜欢陈文茜郑重其事的坦言："在我成长的岁月中，日子不是一天比一天匮乏，反倒是一天比一天有希望，这是我们那一代人的幸福。"她并非盲目闭塞，她只是看到在这片广袤的土地上，"忧患与安逸，悲剧与欢乐，永远并存"。

前几天看书，财经作者吴晓波面对一名大学生对于大学教育的失望与不满，他说："办法其实只有两个，一是逃离，坚决地逃离；二是抗争，妥协地抗争。"他讲了自己在复旦大学读新闻系时，将数千篇新闻稿件肢解分析，一点点学习新闻写作的方法。因为老师说知识每一秒钟都在日新月异，所以他将自己关进图书馆，然后一排一排地读书。从一楼读到二楼，再从二楼读到三楼，最后读到珍本库。如今他说："当我走上社会成为一名职业记者的时候，我一点儿也不抱怨我所受的大学教育。到今天，我同样不抱怨我所在的喧嚣时代。我知道我逃无可逃，只能跟自己死磕。"

而我也愿意相信，无论酷暑隆冬，无论受难与否，日日都是好日。在我们至短至暂的生命里，希望并非聊胜于无的东西，它是所有生活的庸扰日常。改用廖一梅在《恋爱的犀牛》中的一段话：它是温暖的手套，冰冷的啤酒，带着阳光味道的衬衫。它支撑着我们日复一日的梦想，让如此平凡甚至平庸的我们，升到朴素生活的上空，飞向一种更辉煌和壮丽的人生。

既然逃无可逃，就一起死磕到底。

我想，总会有一条路能带我们走向最想去的地方吧。

别人再好，也是别人。自己再不堪，也是自己，独一无二的自己。我们常会为错过一些东西而感到惋惜，但其实，人生的玄妙，常常超出你的预料，无论什么时候，你都要相信，一切都是最好的安排，坚持，努力，勇敢追求，那样就有突然的惊喜到你的世界中来。

我的世界兀自绚烂开放

生活教会了我们很多大道理，随着自己的成长，只要努力把想做的每件事尽量做的完满，不管开心抑或悲伤，相信经历的一切可能，都能练就你强大的内心，将痛苦和悲伤消化掉，你，才能成为自己想成为的那种人。

[1]

初夏的午后，树影里泄下斑驳的阳光，静谧安然。我坐在窗前，手执一本《月亮与六便士》，心里泛起难以言说的思绪。那是我第一次突破该书前面部分的生涩，一口气读完全本。于是明白，好的东西，有时会晚一点到来，可能就在苦涩之后。

主人公查理斯·思特里克兰德是个奇特的人，因为行为实在令人匪夷所思，往往被人们视为"怪物"。原本他是职业的证券交易人，有着不菲的收入和美满的家庭，突然有一天像是被魔鬼附了体，为了画画而弃家出走。

他到了巴黎，独自一人在破旅馆里画画，穷困落魄。作者见到他时，他已经形同乞丐。他往返奔波于两个地点，为了分别得到别人施舍的面包与汤。他不肯回头，不理会妻子对他的原谅和召唤。有一种强烈的力量驱使他，走向梦中的家园。

后来他到了与世隔绝的塔希提岛上，终于找到灵魂的宁静和适合自己艺术气质的氛围，创作出一幅又一幅震惊后世的杰作。多年后，在他的精神之乡，他与他的伟大画作《伊甸园》一起归于沉寂。

合上书页的那一刻，我掩卷叹息，眼前似乎绽开一朵自由而肆意的灵魂之花。我想起另外两个人，他们用热爱与执着展示了生命的无限张力。

[2]

李东力在《中国梦想秀》的舞台上，跳了一支舞。没有人记得背景音乐是什么，大家的目光分分秒秒都聚集在他身上。他奔跑上场，扔掉支撑，接连几个后翻，匍匐，爬起，倒立，空翻，一跃而起，然后是完美的托马斯全旋……他的舞蹈震撼全场，人们起立，鼓掌、惊叫，不由自主流下敬佩的眼泪。

他站在那儿，白衣翩然，傲然笑着，一脸阳光。也许在我们世俗的眼光里，他不该有这样灿烂的笑，因为他强壮的左臂下，支撑身体的是一只拐杖，左腿齐大腿根处向下空空如也。他是一位独腿舞者。

3岁那年，他在一场车祸中失去左腿，只能靠拐杖来维持身体的平衡。由于从小热爱艺术，十几岁进入了残疾人杂技团。他舞蹈里的跳高以及托马斯旋转动作，都需要强大的腿力，为了锻炼，他每天单腿踩自行车10到20公里。无数次的摔倒再爬起，把他磨炼成了一位出色的舞者。

如今，李东力被誉为"单腿托马斯"，成为著名的残疾人舞蹈艺术家，他用坚毅颠覆不幸，绽放成一朵不屈的生命之花。

[3]

我在一则新闻里看到虫虫，她坐在一个雪白的房间里接受访问，墙上绘着蓝色的鸟儿和花朵。彼时，她坐在一只藤椅里，齐肩的发，经典的格子衬衫，牛仔长裙，脸上露出孩童般纯真的笑。

虫虫已经出版《跟我去香港》《跟我去台北》《跟我去澳门》三本旅行绘本，前一本是她独立完成，后两本是跟好友的合著。她没有想到自己能够出书，原本画画只是她用来记录生活的一种方式。

虫虫的专业是美术教育，职业是IT编辑，直至2007年，她已经6年没有画过画。在一场病痛之后，她说："我要画画。"于是，每天在工作之余，她用一支黑色的签字笔，画一切映入眼帘的东西：手机、水杯、电脑、凳子……后来，在家里画不够，每次旅行就边走边画。

三年后，《跟我去香港》上市，受到众多网友的力挺。书里的画全部是细腻的手绘，风格自由明快，独具特色，再配以简洁空灵的文字，体现出一种自然的真纯，让人一看就爱不释手。

有着孩童般好奇之心的虫虫，拥有一个炫彩的世界，摄影、手工、漫画、写作，她对生活以及生命的热爱，让她成长为一朵自然而本真的花，一如她的画风。

这如许美好的追寻与坚持、不屈和自由，朵朵盛放，动人心魄，让人在时光的静寂之处沉思，直抵灵魂深处。他们成功了，无关名利，无关权势。他们静静地，在自己的世界里回归内心，栽种下一棵属于自己的生命之花。

我们辛辛苦苦来到这个世界上，可不是为了每天看到的那些不美好而伤心的，我们生下来的时候就已经哭够了。而且我们，谁也不能活着回去。所以，不要把时间都用来低落了，去相信，去孤单，去爱去恨，去闯去梦。你一定要相信，不会有到不了的明天的。

梦想无关大小，只要你有

忍耐，也是一件美好的事，但前提是你有非常清晰的未来版图，你知道忍耐这一段后，会有什么等着你，你愿意为此暂时收起自己的羽毛。人们常觉得准备的阶段是在浪费时间。只有真正机会来临，而自己没有能力把握的时候，才知道自己平时没有准备才是浪费了时间。愿你，在最好的时光有能力做完自己最想做的事。

毕业三年，我领了结婚证，换了三个城市生活。今年，26岁了。

上个月，我刚辞了职。一个朋友得知这个消息，很惊讶：你这么快就当上家庭主妇了？

我没那种命。虽然先生可以给我创造这种条件，但我不是太后。

我想说说我自己。

每次去事务所面试，都会被问同样一个问题：你是学英语专业的，为什么考CPA（注册会计师）？

我会微笑着回答：因为我在一个什么都不懂的年纪，选择了一个不适合自己的专业。

其实我是高考落榜，被调剂到英语专业的。

上学的时候，某一天，我突然发现，不是英语专业的，英语照样可以说得很好。但四年之后，除了会说英语，我还能干什么？

那一瞬间，我就慌了。英语只是一个工具，不是一门技术。当然，这只是我的个人想法。

我经常说的一句话，是跟K516的一位列车员大哥学的——人在江湖，必须有一技傍身。

我的傍身之技在哪里？

我吃不起青春饭，我必须面对女人老得快、死得慢的现实，一定要给自己找一份越老越值钱的工作。于是，几经辗转，在一个偶然的机会，我听说了CPA——注册会计师。

那究竟是什么样的证书，是一份如何的职业，我从未真正了解过。所以说，很多时候，无知者，无畏。

我决定考，首先反对的是家里人。他们觉得我是不务正业。我本应该学好英语，考个研，当个教师什么的。我承认，这对任何一个女孩子来说都是不错的选择。

但是，有时候我可能不是个女孩子，而是个女疯子。当你怕生活折磨你的时候，你可以先折磨自己，这样你便感觉不到生活的折磨了。

谁知道，这一考，就是四年。我最好的时光都送给了它。

那么厚的书，那么陌生的文字，没有任何根基，我觉得自己像一只蚂蚁，在啃一棵参天之木。

不懂是一种寂寞。有时候，这种寂寞让你发疯。

我曾无数次在各种考试论坛搜经验分享帖：有人说，难，难得不得了；有人说，简单，看一遍就过。

看多了，自己都觉得好笑。于是，我再也没浏览过那些网站。

这些年，我都只用一个简单的故事激励自己——小马过河。我不是水牛大神，也不是松鼠小弟。我以前总希望如有神助，肋生双翼，认为一个跟头十万八千里是件很爽的事，现在觉得什么都不如脚踏实地。

我一页一页地翻书，一道一道地做题。我看过，我知道，我不怕。

前几天，我先生在工作中遇到了一些问题。在彼此探讨的时候，我对他说了这样一番话：你现在挣得多，不如你遇到的问题多。因为我们还年轻，连失败的资本都没有，更谈不上输了什么。有些人，我们觉得他很厉害，什么问题都能解决，那是他天生的吗？当然不是，那是因为他之前经历了很多问题。一个行业，一个领域，也就那么多问题，到最后都是类似的，你说，他解决起来是不是游刃有余？

先生对我的这番话表示赞同。

过后我想，我说的这些是因何而来的呢？可能就是因为我做题吧，做得多了，题目就类似了。

2009年，大三暑假，我骑着小车顶着烈日去吉林师范大学图书馆看书——那年，过了会计一门。

2010年，大四毕业，找了工作，每天背着700多页100多万字的大书上下公交挤地铁，当我这一天忙得根本看不了，我就告诉自己，你一天考不下来，就背着这么沉的书走去吧——那年，过了经济法一门。

2011年，我仅凭这两门和对审计工作的一无所知，找到了会计师事务所的工作。我不知道资产负债表，不知道审计报告的顺序，也不知道什么是抽测凭证。第一次出差，我对着一沓EXCEL表格不知道从何下手，加班到晚上11点，回到宾馆坐在床上先是大哭了半个小时，然后擦干眼泪，边上网百度，边填表格，一直到清晨——那年，过了审计一门。

2012年，过了春节，在先生的支持下，我毅然辞去工作，在家里看书备考。我们在杭州，举目无亲。每天，他上班走了，我就一个人背着书包去浙大看书，谁都不认识，一整天也没人说话。熟悉我的人都知道我是个多群居的生物，可那大半年，我体味到了什么是寂寞。为了提高效率，我每天只能坚持去学校——那年，过了税法、财务成本管理、公司战略与风险管理三门。

查成绩那天晚上，先生很开心。而我看到成绩的那一瞬间，却哭了，不是喜极而泣，是我跟自己说：你的苦日子终于到头了。那段寂寞的日子，不堪回首。

20多年了，我终于认真了一把。CPA对我来说，早已失去了最初的意义，我不再只是指着它赚钱。它让我知道，坚持，是一种可贵；踏实，是一种品质；严谨，是一种美德。

先生看到了我的坚持，觉得我是个好女人；家人看到了我的踏实，觉得我是个好孩子；上级看到了我的严谨，觉得我是个好助理。

这些都是我未曾预料到的，也都是我曾经最缺少的。这四年，我在补习我的人生。

我曾无数次地被问，为什么要考注会？我的答案基本上很固定。

首先，因为我已经过了选择的年纪，而是到了该为选择努力的年纪。记得我跟先生刚认识的时候，他问我，你的选择不会错吗？我说，这个世界上，除了法律和道德，就没有对错。只要是我选择的，对的就是对的，错的我也要把它变成对的，坏的要变成好的，好的要变得更好。

其次，我鼓励我先生趁着年轻要走南闯北，因为我坚信读万卷书不如行万里路。这就是为什么我们毕业三年换了三个城市的原因。我们不是来旅行的，是生活，有血有肉地生活。我跟他承诺过：无论你去哪里，我都不会成为你的负担，物质上的，精神上的，都不会。如果我顺利拿到证书，目前来看，随便到哪个城市，去事务所做审计还是可以的，收入虽谈不上不菲，但是足以减轻他的负担。我爱你，就要以独立的姿态和你并肩站在一起。

最后，也是最重要的。我觉得自从和先生的关系稳定下来，步入已婚行列，就即将要面对上有老下有小的生活。我这辈子最大的心愿就是通过努力，让爸妈过上他们想过却没有的生活。我必须有足够的经济实力来预防他们因为年迈而可能发生的疾病，督促他们趁着腿脚轻便去旅行，趁牙好胃口好尝遍各地美食，要他们相信有我在，他们就可以衣食无忧地安度晚年。

所以，我必须去努力。

也许有人会说，不就是个证书吗？有什么了不起？！是的，它只是一张纸而已，但它给我的生活带来的变化和改善却是令人欣喜的。

这是一种有力量的生活——力，是幸福力；量，是正能量。

如果你有梦想，请一定坚持，也许真正的收获并不是结果，而是过程本身。

如果你没有梦想，请选择，年轻的生命可以没有比基尼，但是不能没有一个坚持的理由。它是一盒火柴，足以点亮你生活的每一盏灯。

有梦想的人生会经历寂寞，没有梦想的人生过后是空虚。

梦想无关大小，能够支撑信念，足矣。

有人问，如果看不到确定的未来，还要不要付出？我只能说，并不是每一种付出都是在追寻结果。有时，在付出的路上，能够收获的是，清楚地看到了，自己想要的或者不想要的，这又何尝不是一种宝贵的结果。命运会厚待温柔多情的人，好过冷漠的一颗心。

每个人的起点都是一无所有

你花六块买个盒饭，觉得很节省，还有人在路边买了七毛钱馒头吞咽后步履匆匆；你八点起床看书，觉得很勤奋，上微博才发现曾经的同学八点就已经在面对繁重的工作；你周六补个课，觉得很累，打个电话才知道许多朋友都连续加班了一个月。其实，你真的没那么苦，你还不够勤奋和努力。

[1]

她今年25岁。家在农村，高中住宿，3年里的每个冬天穿的都是同一件淡黄色棉衣。学习很刻苦，高考成绩不错，去了一所一本院校学习意大利语。毕业后成为同学圈子里最早结婚的人，在美国工作，定居，丈夫是剑桥博士，现已定居美国。偶尔会在朋友圈里看到她发个"今天在英国某个小镇上吃到了Miss某某做的蓝莓小饼干真开心呀！"之类的状态。

我永远都不会忘记大学毕业那年去她学校玩，她请我吃饭时对我说过的那一番话——现在回望过去的4年，我敢拍着自己胸脯，问心无愧说，这4年里的每一天我都没有虚度，每一天都很努力，每一天都在成长，每一天都有收获，每一天都在进步！从那之后的很长一段时间，我都不敢回想自己大学4年都在干什么。有朋友说她运气好遇到了好机会，但我知道如果没有之前超乎常人的勤奋和坚韧做准备，即便遇到再好的机会也无力把握。

［2］

她今年也25岁。高中毕业后跟我是同一所普通二本大学，教育技术专业，李宇春铁粉，大学校女子篮球赛MVP。毕业后去北京娱乐圈做经纪人，发通告，跑片场，接演出，一年后给李玉刚做助理。再一年后被父母强制回家乡小县城参加教育系统招考，裸考晋级，无奈回到乡镇初中当计算机老师。去年二月贷款创业，到现在，她开的酒吧无论是服务、知名度、盈利状况都超出本地平均水平，酒吧收入远超教师工作收入。

我亲眼见证她的酒吧从诞生到发展再到现在的所有过程，我问她从北京到小县城这么大的生活节奏变化是如何调整的，回来不觉得遗憾吗？她说，是挺遗憾的，但是遗憾没用，只有全力以赴做好当下的每一件事！好在如今工作已调回县城，再也不用像以前那样只有在周末时才能回来经营酒吧，但在乡镇学校的日子里她每天看书学习的那段日子永远都不会忘记。虽然当初在北京跟她同一批入行的同事现在都月薪过万了，但她并不在意，她说现在她知道自己想过什么样的生活，每天都在路上。

［3］

他今年同样25岁。当时在学校以成绩优异，行为怪异闻名全校。我跟他在一起的时候总有一种我知道的他都知道，他知道的我都不知道的错觉。高考那年，他以我校文科第一的成绩去了国内一流大学学哲学，大学时参演了一部大学生情景喜剧红遍人人网。毕业后考研被社科院录取，成了目前我们那届高中同学在学术领域最牛的人。

前几天跟他联系，请他写篇指导高中生阅读的文章好发在学校的文学杂志上，他欣然答应，第二天便回给我一篇满是诚意和干货的读书建议文章。字里行间透出的学术素养和谦逊，让我看到他这几年在一个对于我们多数人陌生领域里的惊人成长。感激之余又想起他对我读书的影响，为自己在少年时遇到这一位良师益友感到无比庆幸。

我一直觉得，在当今的社会里想要取得一点成绩，也许并没有想象中那么难。因为绝大多数人都浮躁、懒惰、拖延、没有方向、好逸恶劳，只要我比他们稍微专注一点、努力一点、用心一点、多学一点、多做一点，就已经走到很多人前面了。

然而事实是如何呢？你真的一无所有吗？你真的不明白这些吗？你真的没有办法吗？

当25岁的你觉得自己一事无成时，真的对自己应该做点儿什么都一无所知吗？同样25岁，为什么有的人事业小成、家庭幸福，有的人却还在一无所有的起点上？因为上帝说了，他不能把世界让给你们这些懒汉。

你的青春就像摆在货架上的罐头，添加再多的防腐剂，也难逃下架的命运。超市老板根本不给你反应的时间，一夜之间，你依旧穿着二十岁的衣服，留着二十岁的刘海，还是像二十岁那年一无所有，但是你再也说不出"我到了一百岁还可爱"这句话。

别在该奋斗的时候选择了安逸

生活就像一只鸭子，表面都从容淡定，其实水底下在拼命地划水，想要过好生活，就要拼命划。否则，当父母需要你时，除了泪水，一无所有；当孩子需要你时，除了惭愧，一无所有；当自己回首过去，除了蹉跎，一无所有。别在最能吃苦的时候选择了安逸！

朋友D回不了北京了。

那年毕业分配，军校的他一切准备就绪，领导跟他说，你先去基层任职一年，然后回北京。

D点头说，只要能回北京，基层无论多远，我都去。

我曾经跟D讨论过所谓的稳定，那个时候，我已经是一个自由职业者了。

他说，体制内稳定，组织给解决户口问题，每个月都有死工资，不用担心吃穿，还有空闲时间做自己的事情。

我说，那种稳定，总觉得怪怪的。

D说，你看，你每天必须充实奋斗，而我不一样，我可以躺着睡大觉，一个月还有五千元的收入，再看看你，如果一天不奋斗，就没有了收入。

我说，可是，人生不就是要奋斗吗？

他说，但是我的更稳定，我有了稳定生活，也可以继续奋斗啊。

我说，可是人既然拿了每个月一样的工资，所有人干活和不干活都得到一样的回报，谁还会继续干活呢？

他说，可是很多人都在追求稳定的生活啊。

我说，很多人做不代表它是对的，我不觉得你稳定，因为你的生活是靠着一个政策或领导的一句话，可变性太大。而我的工作，凭借自己的努力，市场会给我一个相对公平的分数。只要我每天奋斗，生活是在我自己手上；可你不一样，你的生活在领导、体制手上。

他问，什么意思？

我说，比如你要回北京，要找人，要求人，要给钱。而我，只要有一技之长，想去哪里就去哪里，总能找到工作，饿不死。

他说，但是去北京的结果是一样，我过得更容易一些。

我没说话，风吹得很猛烈，吹到我们的内心：一颗红彤彤，一颗懒洋洋。

那个冬天，D离开了北京，去基层任职。

一年后，命令下来了，D回不了北京了。因为回京名额被人顶了。

我曾经问过自己，到底什么才是稳定，一份稳定的工作、一个户口，还是一套三居室房子。可是，直到今天，我很难理解为什么每个月五千块钱上班喝茶看报纸就是稳定，很难理解一个人要有一套房子之后才能去爱一个人，很难理解必须要有北京户口才能在北京开始生活。

想到曾经央视的一个朋友S。那年，我和她在旅行时聊天，她告诉我，央视好啊，工作稳定。

我说，怎么见得呢？

她说，一个月七千元，五险一金。你虽然赚得不少，但不是那么稳定啊。

我说，我一个月少说五千元，多的时候几万元。总的来说比你多。

她说，我们发米和油。

我说，我可以买，其实没多少钱。

她瞪着我说，但是每天朝九晚五。

我说，我每天睡到自然醒，晚上上课，白天写剧本，深夜看书。

她说，我有年假，可以旅游。

我说，我想去哪里去哪里，想什么时候去都可以。

她愤愤不平，那一路，我们没有再讨论这个话题。下车前，她跟我说，李尚龙，你很不成熟。

我没说话。

几年后，S被台里派到巴西。同时，她的男朋友从外交部被派到南非。两人开始异地恋。

临走前，S告诉我她不愿意这样，两个人刚开始讨论结婚的话题。可是领导说回来升职会很快。

那时我正在谈恋爱，女朋友去了美国，也在异地恋。

我说，我明天去美国，找她去。

她喝了一口酒，说，还是你稳定。

几年后，她从巴西回来，我们都分手了。她说，你看，我们结果是一样的。

我说，我们分是因为最终无法平等交流；而你分，是因为你们被迫异地了。那天我们回到了最初离别的酒吧，她告诉我，她要辞职，她笑着告诉我，她从巴西回到央视，已经物是人非，没有岗位给她提供了。留下的，只剩下巴西那段经历。

我说，如果你不走，他们不会赶你走的，对吧。

她说，不会，毕竟工作性质很稳定。

我说，那多好，为什么不留下来。

她说，有什么意义呢。

她眼睛看着窗外，灯光照到她的脸，泪光被照得晶莹透亮，就像她在纪念自己无法控制的青春。

她回头跟我说，你比我成熟太多。

那天我忽然明白，这世界既然每天都在变，所谓稳定，本身或许就是不存在的。这世上唯一不变的就是改变本身，所以唯有每天努力奔波，才不会逆水行舟不进则退。我们父母那个年代所谓的组织解决一切、政府承包所有的生活，已经一去不复返了，随着经济快速发展，早已经完全改变了。

可是，在我们身边还有多少人，为了户口丢掉生活，为了稳定丢掉青春，为了平淡丢掉梦想。

前几天，我再次见到了D，他又跟我讲了一个故事。他的师兄，三十岁，稳定了半辈子，娶了老婆，正准备生孩子，忽然某个月，犯了一个错误被开除了。

他离开稳定的岗位时，居然发现毕业八年，他除了喝茶看报纸写不痛不痒的文件拍马屁什么也不会，他拿着自己的简历，跟刚毕业的大学生竞争岗位，可是除了年龄，他丧失了所有的竞争力。连大学四年学会的计算机，也随着平静的日子，丢掉。

一年后，老婆跟他离婚。一天他拖着疲惫的身躯，跟D说：如果你要走，就早点走，就赶紧走；如果不走，也别在最能拼搏的年纪选择稳定，更别觉得这世界有什么稳定的工作，你现在的享福都是假象，都会在以后有一天还给你，生活是自己的，奋斗不是为了别人，拼搏也是每天必做的事情，只有每天进步才是最稳定的生活。

是啊，只有每天进步才是最稳定的生活。既然如此，为什么要为了所谓的稳定放弃浪迹天涯，为了稳定丢掉生命无限的可能。既然世界上最大的不变是改变，那么就在这多姿多彩的生活里努力绽放吧。

行走的路人，没人喜欢平稳的泥土，无论泥土多芳香，再忙碌的人也会多看一眼风中的百花。即使它们不像泥土那么稳稳地在那儿，但它们的努力绽放，毕竟给这世界带来了难忘的片段。这个，是不是你我想要的呢？

什么样的选择，决定什么样的生活。在生活这场考试中，选择题的选项不能让别人代选，那样到最终你很可能会不及格。大多数人认可的价值观从来就没有适合过所有人，我们不必为成功放弃亲情，我们不必为机会骨肉离散，我们不必为稳定埋没才华，在很多问题上，我们并不是没得选择。

用努力为你的选择买单

根本没有正确的选择，我们只不过是要努力奋斗使当初的选择变得正确。如果今天不努力，明天也不努力，那么你的人生只是在重复而已，即便拥有再多选择也徒劳。

老同学聚会，酒过三巡，大家开始回忆往事。有人感叹："如果当初我选择出国留学，而不是毕业后就结婚，生活肯定风光无限，不会像现在这样碌碌无为。"

这番感叹，立即引起众人的共鸣，大家纷纷附和："如果当初我选择另外一个专业，肯定混得比现在好！""如果当初我留在北京，而不是回家乡小城，现在肯定也混成精英了！""如果当初我读研究生，而不是毕业后就工作，绝不会像现在这样升职无望！"

最后，大家的话题全部转移到了一个人身上："如果黄莺当初不选择辍学，一定是混得最好的，现在，也不知道她过得怎么样？"

黄莺是我们的高中同学，那时，她的成绩是全班最好的，最有希望考上名牌大学。可是，在高三的关键时期，她父亲得了重病，花光了家里所有的积蓄，还欠了外债。她不顾大家的劝阻，毅然选择辍学打工，帮父母一起渡过难关。

我们这帮同学背起行李走进大学校园的时候，黄莺正灰头土脸地在一家小饭馆洗盘子。现在，我们对生活和工作尚且有诸多的不满，高中未毕业的黄莺，一定混得惨不忍睹吧？

半年后，在一次商务活动中，意外和黄莺重逢。时隔10年，我怎么也不敢相信，眼前这个神采奕奕的女子就是当初那个辍学洗盘子的女孩。我对她的经历充满了好奇，而她也毫不隐瞒，将这些年的遭遇和盘托出。

当初辍学后，年龄小，又没文凭没技术，只能洗盘子、发传单。而无论做什么，她从不偷工减料，都努力做到最好，让别人一下子记住她，下次有活儿还会主动找她。

凭着这股认真劲和韧劲，她的收入逐月攀升，能维持家里的日常开销和父亲的医药费了。稍稍松了一口气，她开始认真规划自己的职业之路，这样小打小闹做散兵游勇肯定不是长久之计，那时她对销售产生了兴趣，决定到大公司做销售员。

可惜，因为学历太低，又没有任何销售经验，一连找了几个大公司，都被拒之门外。她没有沮丧，更没放弃，而是重拾课本，报了函授班，开始给自己的简历镀金。

那几年，她一边忙着打工赚钱，一边忙着读书参加考试，一天只睡三四个小时。困了累了，就洗把脸，强迫自己振作起来，看得母亲常常忍不住掉下泪来。

付出就有回报，她陆续拿到了高中文凭、大学文凭。有了这些敲门砖，她终于顺利地进入一家大公司营销部，做了一名普通的销售员。

这时，她和爱情邂逅，并很快结婚生子。做家务，带孩子，照顾父母，但无论多忙，她脑子里都会想着怎么让客户签下合同，每次出门，也一定把自己收拾得干干净净，给客户留下一个好的印象。

为了提高自己的销售水平，她把产品资料打印成册，一有时间就拿出来看，直到背得滚瓜烂熟。坐火车，住酒店，她也绝不闲着，总是拿一些心理类和口才类的书看，反复研究说话技巧和客户心理，以便让谈话更有成效。

几年下来，她的销售业绩节节攀升，从最初的普通销售员到白金级销售员，再到销售主管、销售经理，一直到销售总监。不久前，公司开拓新的市场，需要一个副总全权负责，她击败众多竞争者，成为公司最年轻的副总。

当初那个洗盘子的小女孩，就这样靠着自己的努力，一步一步成了职场精英。如今的她，拿着百万年薪，早已帮父母还清债务，有恩爱的老公和可爱的孩子，生活可谓春风得意，精彩无限。

我们总是以为，一个选择，就会关系到一个人一生的命运，选择对了，以后的路就会顺利很多，选择错了，就毁了一生。其实，这只是人们为自己找的借口，人生路上，选择并不是最重要的，努力才是。

当年的黄莺，是班上学习成绩最好的，如今的她，依然是最成功的一个。这一点都不奇怪，努力的人，无论选择一条什么道路，都能在这条道路上走出精彩来。

没有特别幸运，那么请先特别努力，别因为懒惰而失败，还矫情地将原因归于自己倒霉。你必须特别努力，才能显得毫不费力。越幸运就得越努力，越懒惰就越倒霉，别人看到的是你累，最后轻松的是你自己。努力和收获，都是自己的，与他人无关。要始终相信一句话：只有自己足够强大，才不会被别人践踏。

你的平庸不过是你不坚持的后果

有时候会讨厌不甘平庸却又不好好努力的自己，觉得自己不够好，美慕别人闪闪发光，但其实大多人都是普通的，只是别人的付出你没看到。不要沮丧，不必惊慌，做努力爬的蜗牛或坚持飞的笨鸟，我们试着长大，一路跌跌撞撞，然后遍体鳞伤。坚持着，总有一天，你会站在最亮的地方，活成自己曾经渴望的模样。

[1]

一次看到一个网络作家写她的写作经历。

初中毕业就到南方打工，在餐厅当服务员，一段时间后觉得打工没有前途，就开始写作。没有顾客的时候，在面前放一本菜单，假装是在研究菜单，然后赶紧偷偷写一段。

她没有电脑，下班要去网吧写，那种小黑网吧，嘈杂，环境恶劣。没有几个钱，每次去都要算算能写多长时间，要写多快，没有时间一字一句地想，写完了就要马上下，不然就得超支。

渐渐地，她的文字开始在期刊上发表，也有了稿费。她买了电脑，租了房子，辞了工作，专门写作，一写就是一整天，饿了就吃一点方便面。

一年后，开始写小说。

接着小说出版，一本两本，再到十本，十几本。

她的小说还被拍成影视剧。

有一天，她看着书架上的十几本书，上面署着自己的名字，一时间觉得有些恍惚，回首走过的路，她只不过是一个很普通的初中毕业的打工妹，之前她的写作从来没有人认同，没有亲人朋友相信她能靠写作为生。

她怎么就能走到现在，在三四年前她想都想不到。

[2]

一直喜欢一位名师。

她教语文，喜欢创新。走上赛教的讲台，参加本地大大小小的教学比赛，最后到全国大赛，年纪轻轻就脱颖而出。

她在带班的过程中也是不断探索，成了有名的班主任。

她坚持写作，很多文章入选人大复印资料。

她在博客上写，有一天，她翻出一柜子的获奖证书，想想自己今天取得的各种成绩，觉得很不真实，她怀疑自己到底有没有人家认为的那么大的本事，觉得很心虚。

是的，她只有专科文凭，她是从川渝大山里走出来的一名乡村女教师，她从偏远乡村走到了县城，从县城走到了大都市重庆，从重庆走到了北京人大附中，又刚刚到了清华附中。而有那么多的人在一个地方一待就是一辈子。

[3]

看周国平的《幸福的哲学》，他说："一个学哲学的人，能够拥有相当广的读者群，20年前的书今天还能每年几万几万地印，我真的没有想到，我这个人是比较自卑的，我年轻的时候设想我的人生蓝图，绝对没有将来成为一个著名作家这样的目标，绝对没有，想都没有想过，做梦也没有梦到过。所以我现在得到的所谓的成功，这种外在的成功，完全是出乎我的意料的，绝对不是我原来追求的目标。"

许多成功都是没有想到的。

许多事在成功之前看起来都是那么不可能，许多梦在实现之前，看起来都是那样遥遥无期，希望渺茫。

可是，正是那些看起来不可能实现的梦，才更可贵。

我们是一步步变好的，我们的梦是一步步实现的，路再长终有走到的时候，走不走上一条路，关键是看你甘愿平庸还是拒绝平庸。

俞敏洪说：成功很简单，就是不断地向前走。

所谓坚持，不是四处寻求安慰后的坚持，不是需求鼓励后的坚持，不是被人说服后的坚持。而是无论如何，牙碎自己吞，流泪自己擦，摔了站起来继续走。真正的坚持，和别人永远发生不了关系，全靠自己每日擦拭。不要逢人便说：请鼓励我，我会坚持下去的。那不是坚持，是乞讨。

你觉得不公平只是你不够努力

任何的收获都不是巧合，而是每天的努力与坚持得来的。不怕你每天迈一小步，只怕你停滞不前；不怕你每天做一点事，只怕你无所事事。人生因有梦想，而充满动力。不要这么轻易地否定自己，谁说你没有好的未来，关于明天的事后天才知道，在一切变好之前，我们总要经历一些不开心的日子，不要因为一点瑕疵而放弃一段坚持，即使没有人为你鼓掌，也要优雅的谢幕，感谢自己认真地付出。

从小时候开始，家里人都说我笨。那时我无比生气，心中愤愤不平地想：你们怎么就这么看不起我呢？我的考试成绩每次都是100分啊。

慢慢地，我长大了，发现自己真的是很笨。唱歌跑调，纸剪不齐，跳皮筋也总是出错，上台发言语无伦次，就连每天放学回家也只会从一条熟悉的大路走。我也想抄个近路，可是如果身边没人陪，我十有八九会迷路，找不到家时的心慌气短让我对自己没有了信心，于是只好一直老老实实地走最安全最熟悉的路。同学朋友常常嘲笑我方向感太差，是的，我记住的每一条路都是走了无数遍，努力记了很多次才记住的。

后来工作了，我也有虚荣心，也想获得更多的机会，周围人告诉我要懂得人情世故，你不会不要紧，你得学啊。我想人家说得有道理，于是硬着头皮去学，可总是笨拙地把事情搞砸。几次下来，我知道自己永远也学不会了，可向往上进的心仍然不甘，只好仍然用最笨的方法——拼命工作。

我教了很多年的英语，常有学生、朋友和家长问我有没有记英语单词的好方法。我说有啊,是特别实用而又有效的。我记单词时是分成几组,每组6个,然后先将第一组的每个单词写5遍,然后再写第二组,第二组写完再回头写第一组、第二组,写每组单词之前都把之前的单词再写5遍,第二天背新单词时要把从前背过的再复习一遍。很多人听了都大失所望,他们说你这叫什么方法啊,这不就是机械记忆嘛,我们想要的是简单容易轻松的方法。我哪里有啊,我有的只是这些费时费力的笨方法,我就是用这样的笨方法记住了成千上万的英语单词。偶尔也有听话的学生,真的按我的方法做了,然后很高兴地告诉我,老师,你的方法真好,我记住的英语单词再也不忘了,可是背起来太累了。

是的,太累了,我也觉得累,可是谁让我不聪明呢?我多么羡慕那些能够用技巧、走捷径的人啊,他们轻轻松松就获得成功,并且总有幸运不时降临。可我知道自己是走不了捷径的,我必须实实在在地努力、刻苦、流汗、流泪,我必须把别人用来游戏、娱乐的时间做我想要做的事情。

比如工作,我准备一堂课要花费别人5倍的时间查找资料、准备教具、冥思苦想教学思路和方法,才能做到和别人差不多。要是想超过别人,那就得花费10倍以上的时间和精力。做教师20多年,我始终在努力。从区优课到市优课再到省优课,完全是用自己的不懈努力争取到每一个机会,慢慢得到领导、同事和家长的认同。每一步都历尽艰辛,真是汗水与泪水齐飞。

再比如教育孩子,除了上班,我几乎全部的时间都跟他在一起,陪他玩,教他背诗,给他讲故事,和他一起看动画片。就在这无数光阴的堆积中,母子之间才凝聚了深厚的感情,所以我们互相理解、包容和信任。后来孩子各方面都挺优秀,我也写过很多育儿的体会,别人就说我会教育孩子,甚至有人夸我是育儿专家。可我知道,自己是在天天和儿子一起厮磨的无数时间里才慢慢了解他的性格,知道他的长处和问题,经历了一次次失败才积累起一点有价值的经验的。

因为笨拙,所以我的每一份幸运都是百般努力之后才得到的,我的每一点进步都是背后的无数汗水换来的。尽管我的付出远远大于我的收获,但我依然特别快乐。因为我知道,如果我不肯付出,就永远也不可能收获。可是只要我肯付出，愿意不计成本不计代价地付出，还是有可能超过那些比我聪明并且懂得走捷径的人的。

慢慢地，我喜欢上了这种不走捷径的方式，这让我目不斜视、心无旁骛，只向着我的目标努力，不被别的诱惑干扰。虽然在这个过程中可能很辛苦很疲惫，可心却是从容安定的。不走捷径得到的每一点收获是没有任何杂质的，没有上苍的眷顾，没有意外的幸运，如此让我真切地看到自己努力的价值，这种快乐的感觉真是无以言表。

生活是多元的，也是公平的。聪明智慧的人虽然占尽先机，可到底也有我这般笨拙人的出路，我们认真努力，不走捷径，也一样会遇到自己的"花期"。

梦想是一个说出来就矫情的东西，它是生在暗地里的一颗种子，只有破土而出，拔节而长，终有一日开出花来，才能正大光明地让所有人都知道。在此之前，除了坚持，别无选择。给自己一些肯定，你比想象中坚强。

多走几步才能找到最好的自己

我们经常被各种各样的事情所困扰，人们往往被眼前的各种小理由带走。而所有这些小理由加起来，就掩盖了一个大理由，就是放着最重要的事情不去做，不去寻找。结果是，这些借口越是真实，你本人就越是不真实，这些理由越重要，你自己就越不重要，或者说越来越远离真实的和重要的力量。在陌生人中孤独的旅行，不是为了寻找谋生的路，也不是寻找爱，而是去寻找自己。人可以失落一切，唯独不应该失落自己。

我在大学时并不是一个特别能出风头的人，更多时候我喜欢钻进自己的小世界里。大学期间最喜欢的是画画、听广播以及写字，这三个爱好有一个共通点，就是不需要直面和人打交道。

虽然学的专业是服装设计，但我的梦想却是成为一名漫画家。我在学校组织的社团就是关于画漫画的，那时候自己有点投稿经验，所以当时召集新人加入社团、办活动、画海报，都是亲力亲为，而且忙得不亦乐乎。

我的文字功底还好，唯一的问题是，我只能写自己的故事，不太会编。

广播情结是从小就有的，只是大学的时候开始泛滥，头脑一热还去了学校广播站。后来阴差阳错地去了当地的电台做了几期嘉宾，一毛钱报酬都没有，还要自掏车费，不过自己依旧玩得不亦乐乎。

所有这些让自己开心、娱乐、丰富的爱好，都在毕业之后土崩瓦解，差一点儿就灰飞烟灭。

毕业的第一年，我为了对得起自己四年所学，做起了服装设计工作，但是在经历了枯燥的设计、重复的流程和抄袭严重的市场打击之后，决定彻底放弃所学，只是那个时候我把转行这件事看得太简单了。

我以为我有这么多爱好，总能找到一个适合自己长处的工作。

可谁知，这一找就是七年。

七年里，我从原来的设计师变成了后来的杂志编辑、图书策划、广告人、公关公司执行。其间，为了生计，我还兼职做过电视栏目编导、小说连载作者、配音演员、话剧演员、电视剧编剧、插画师。

那时候为了努力赚钱、缴房租、还外债，为了让自己可以过得更好一些，我在不断接各种兼职的过程里拓宽了自己的爱好，我就好像一个小陀螺，不停地旋转，不停地奔跑，不敢在一个地方停留太久。我不断对自己说：技多不压身，只要有机会你为什么不去试试？

我的自信坍塌于毕业四年后的一次大学同学聚会。聚会的理由是我最好的朋友结婚，她好心地把同一届的朋友放了一桌。那天晚上，我如坐针毡，昔日同学见面不可避免地会问起，现在混得怎么样？收入多少？买房了吗？……

那一堆人里有毕业之后转行做了室内设计薪水过万的；有结婚后在北京买房的；有职业发展不错步步升迁的；有明确打算自己开公司的。和他们比起来，我似乎还是大学时代那个看什么都感兴趣，带着一双好奇的眼睛看世界的毛头小子，拿着每个月三千出头的工资，做傻小子闯世界的美梦。

那晚，我又羞愧又自卑。第一次意识到，这几年我一直在忙碌，却不知道为什么忙；我没有职业规划，只有一份饿不死的工作和大量的兼职机会……我一直以为自己活得不像他们那样落入俗套，却最后才发现其实最可笑的是自己。

我第一次受困于自己的爱好而找不到前进的方向。

接下来的两年，我逐渐缩小了兼职的范围，放弃了电视领域、剧社和写小说，逐渐集中在了人物专访上，在娱乐圈试水了一把就跨入了广告公司，之后辗转来到了现在的企业。

31岁，还没有找到人生的目标，不知道未来自己适合走哪条路。之后我开始思索，自己想突出的是什么？

一个人可以爱好广泛，但是肯定不可能百花齐放，我不是天才也不是神童。老天让我接触那么多的领域和行业，其实就是希望安抚我这颗易动的心，让自己告诉自己，其实那些不适合你。

可能我之前浪费了太多的时间，导致我已经没有机会可以做一个专才，那么就努力在自己看似全面的这些爱好里寻找一个适合自己的长项，并且集中力量打造它！

我第一个下手的是文字。我觉得它是我目前可以把握以及可以提高的东西。我把过去书架上的小说、散文统统丢掉，开始买人物传记、关注心灵成长的杂志、图书等，我打破了原有的阅读范畴，每个月读15本杂志、4本书，看到不错的题目、稿件、策划就标注出来。我之前从来没有记笔记的习惯，但是开始学着去写总结，学着归纳一本书里自己觉得最大的看点，一本好的杂志选题策划里自己觉得最成功的地方。

我开始有计划、有目的地提升自己的采访水平，每次做人物专访需要看10个小时的视频采访资料，7万字左右的文字资料，全面了解和解析这个人物之后，再逐渐列出主线与关键词，绕开之前提及最多的问题，有重心和侧重点地圈出本次采访的几个重点。

很多事情其实都不难，最怕的是你不用心。

我记得我进公司才满一年的时候，遇到的第一个任务就是主持年会。害怕面对舞台、面对人群的我，内心非常忐忑。为了克服自己登台前的紧张，我托朋友找了份婚庆司仪的兼职，通过十几次的婚礼主持，来克服自己上台的紧张感。第二年的年会主持，那份害怕与畏惧已经减少了一半。

很多认识我多年的老朋友都会很诧异于我这几年的改变。我有时候也在想，自己是不是真的变得太多了？我放弃了画画，放弃了很多爱好，我开始变得理性、有逻辑、懂克制，这些和早年那个天真烂漫、随心所欲的自己真的大相径庭，但是这不就是自己想要的改变吗？

世间没有舍，哪有得？你不放弃一些，又怎能得到一些？

我用了七年的时间去寻找和放逐，用了四年的时间来提取、修正和改变，或许到现在我也不敢说自己有什么过人之处，但是至少我找到了自己的定位和为之努力的方向。

无论经历过什么都是经历，你也会有属于你的经历。我是一个喜欢总结的人，并且通过总结来反思自己，或许你也有自己的总结和反思方式，总之，用自己的方式提醒自己：向前，向上，永不止步！

山有山的高度，水有水的深度，没必要攀比；风有风的自由，云有云的温柔，没必要模仿。你认为快乐的，就去寻找；你认为值得的，就去守候；你认为幸福的，就去珍惜。没有不被评说的事，没有不被猜测的人。别太在乎别人的看法，做最真实最朴实的自己才能无憾今生。